高等职业院校测绘类规划教材（非测绘专业适用）

土木工程测量实训

王金玲　编著

图书在版编目(CIP)数据

土木工程测量实训/王金玲编著．—武汉：武汉大学出版社，2008.10
(2018.1 重印)
高等职业院校测绘类规划教材(非测绘专业适用)
ISBN 978-7-307-06591-8

Ⅰ.土…　Ⅱ.王…　Ⅲ.土木工程—工程测量—高等学校—教学参考资料　Ⅳ.TU198

中国版本图书馆 CIP 数据核字(2008)第 158728 号

责任编辑:任　翔　　　责任校对:刘　欣　　　版式设计:马　佳

出版发行:**武汉大学出版社**　(430072　武昌　珞珈山)
(电子邮件:cbs22@whu.edu.cn 网址:www.wdp.com.cn)
印刷:湖北民政印刷厂
开本:787×1092　1/16　印张:6.75　字数:160 千字
版次:2008 年 10 月第 1 版　　2018 年 1 月第 13 次印刷
ISBN 978-7-307-06591-8/TU·72　　定价:19.00 元

前　言

本书是《土木工程测量》(非测绘专业)实践环节的配套教材,在内容与顺序安排上兼顾了土建大类各专业的特点和教学要求,并立足高职高专教育的特点,注重理论与实践相结合,在论述基本理论和方法的同时,重视基本技能的训练和实践性教学环节,特别强调对学生实际动手能力的培养。

全书共包括三部分。第一部分为"测量实训须知",对学生参与实训提出最基本的要求,详细介绍了测量仪器正确的使用方法和测量资料的记录、计算方法。第二部分为"测量课间实训",根据《土木工程测量》教学大纲的要求以及不同的测量仪器和测量方法,共列出19个实训项目,每个项目均有明确的实训目的、实训仪器和工具、实训组织与学时、实训任务、实训方法和步骤、注意事项,并在每项实训的后面附有相配套的实训报告。第三部分为"土木工程测量综合实习",包括图根控制测量、地形图的测绘、工程测量以及实训报告的编写与整理等。以上三部分将理论教学、单项课间实训和综合实习串成一体,系统地结合起来。本书最后的"附录"中摘录了测量中常用的度量单位,常用测量仪器技术指标及用途,常用地形图图式,2008年5月1日实施的《工程测量规范》,以方便学生查询。

本书由王金玲编著,承蒙武汉大学龚自珍教授审阅并提出了很多宝贵意见和建议,同时在编写过程中还参阅了许多文献,在此一并表示感谢。

由于编者水平有限,书中难免存在不妥和疏忽之处,恳请读者批评指正。

编　者

2008年7月

目　录

第一部分　测量实训须知

土木工程测量的理论教学、课间实训教学和综合实习教学是土木工程测量课程的三个重要环节，只有坚持理论与实践的密切结合，通过测量仪器的操作、观测、记录、计算等实训，才能巩固基本理论知识，掌握工程测量的基本原理和基本技术方法。

一、实训的目的与要求

1. 实训目的

（1）初步掌握测量仪器的基本构造、性能和操作方法；

（2）正确掌握观测、记录和计算的基本方法，求出正确的测量结果；

（3）巩固并加深测量理论知识的学习，使理论和实践密切相结合；

（4）加强实践技能训练，提高动手能力；

（5）培养学生严谨认真的科学素养、团结协作的团队意识、吃苦耐劳的坚韧品格。

2. 实训要求

（1）开始实训前，必须预习实训指导书，弄清实训目的、实训要求、所用仪器和工具、实训方法和步骤以及实训注意事项。

（2）实训开始前，以小组为单位到仪器室领取实训仪器和工具.并做好仪器使用登记工作。领到仪器后，到指定实训地点集中，待指导老师讲解后，方可开始实训。

（3）每次实训，各小组长应根据实训内容，进行适当的人员分工，并注意工作轮换。小组成员之间应该团结协作、密切配合。

（4）实训时，必须认真仔细地按照测量程序和测量规范进行观测、记录和计算。遵守实训纪律，保证实训任务的完成。

（5）爱护测量仪器和工具。实训过程中或实训结束后，如发现仪器或工具有损坏、遗失等情况，应报告指导老师或仪器管理人员，待查明情况后，做出相应的处理。

（6）实训完毕，须将实训记录、计算和结果交指导老师审查，待老师同意后方可收拾仪器离开实训地点。

（7）实训结束后，要及时还清实训仪器和工具。未经指导老师许可，不得任意将测量仪器转借他人或带回宿舍。

二、测量仪器的借领与使用

1. 测量仪器的借领

（1）每次实训，学生以小组为单位，由小组长向仪器室借领仪器和工具。借领者应当场检查,并在借领单上签名,经管理人员审核同意后.将仪器拿出仪器室。

(2) 离开借领地点之前,必须锁好仪器箱并捆扎好各种工具。搬运仪器时,必须轻拿轻放,避免由于剧烈震动而损坏仪器。

(3) 借出的仪器、工具,未经指导教师同意,不得与其他小组调换或转借。

(4) 实习结束后,各组应清点所用仪器、工具,如数交还仪器室。

2. 测量仪器的使用

(1) 开箱前应将仪器箱放在平坦处。开箱后,要看清仪器及附件在箱内的安放位置,以便用完后将各部件稳妥地放回原处。

(2) 仪器架设时,保持一手握住仪器,一手去拧连接螺旋,最后旋紧连接螺旋,使仪器与三脚架连接牢固。

(3) 仪器安置后,不论是否操作,必须有专人看护,防止无关人员摆弄或行人、车辆碰撞仪器。

(4) 仪器光学部分(包括物镜、目镜、放大镜等)有灰尘或水汽时,严禁用手、手帕或纸张擦拭,应报告指导老师,用专用工具处理。

(5) 转动仪器时,应先松制动螺旋,再平稳转动。使用微动螺旋时,应先旋紧制动螺旋。制动螺旋应松紧适度,微动螺旋或脚螺旋不要旋到极端。

(6) 使用过程中如发现仪器转动失灵,或有异样声音,应立即停止工作,对仪器进行检查,并报告实训室,切不可任意拆卸或自行处理。

(7) 勿使仪器淋雨或曝晒。打伞观测时,应防止风吹伞动撞坏仪器。

(8) 远距离搬迁仪器时,必须将仪器取下,装回仪器箱中进行搬迁;近距离迁站时,可将仪器制动螺旋松开,收拢三脚架,连同仪器一并夹于腋下,一手托住仪器,一手抱住三脚架,并使仪器在脚架上呈微倾斜状态进行搬迁,切不可将仪器扛在肩上搬迁。

(9) 实训结束后,仪器装箱应保持原来的放置位置。如果仪器盒子不能盖严,应检查仪器的放置位置是否正确,不可强行关箱。

(10) 使用钢尺时,切勿在打卷的情况下拉尺,并防止脚踩、车压。钢尺使用完后,必须擦净、上油,然后卷入盒内。

(11) 花杆及水准尺应该保持其刻划清晰,不得用来扛抬物品及乱扔乱放。水准尺放置在地上时,尺面不得靠地。

三、测量的记录与计算

1. 测量记录

(1) 测量观测数据须用 2H 或 3H 铅笔记入正式表格,记录观测数据之前,应将表头的仪器型号、日期、天气、测站、观测者及记录者姓名等无一遗漏地填写齐全。

(2) 观测者读数后,记录者应随即在测量手簿上的相应栏内填写,并复诵回报以便检核。不得另纸记录事后转抄。

(3) 记录时要求字体端正清晰、数位对齐、数字齐全。字体的大小一般占格宽的 1/3~1/2,字脚靠近底线,表示精度或占位的“0”(例如水准尺读数 1.500 或 0.759;度盘读数

91°04′00″中的“0”)均不能省略。

(4) 观测数据的尾数不得涂改,读错或记错后,必须重测重记。例如,角度测量时,秒级数字出错,应重测该测站;钢尺量距时,毫米级数字出错,应重测该尺段。

(5) 观测数据的前几位(如米、分米、度)出错时,则在错误数字上画细斜线,并保持数据部分的字迹清楚,同时将正确数字记在其上方。注意不得涂擦已记录的数据。禁止连续更改数字,例如,水准测量中的黑、红面读数,角度测量中的盘左、盘右,距离测量中的往、返测等,均不能同时更改,否则要重测。

(6) 记录数据修改后或观测成果废去后,都应在备注栏内写明原因(如测错、记错或超限等)。

(7) 严禁伪造观测记录数据,一经发现,将取消实训成绩并严肃处理。

2. 测量计算

(1) 每站观测结束后,必须在现场完成规定的计算和校核,确认无误后方可迁站。

(2) 测量计算时,数字进位应按照“四舍六入五凑偶”的原则进行。比如对 1.5244m,1.5236m,1.5235m,1.524m 这几个数据,若取至毫米位,则均应记为 1.524m。

(3) 测量计算时,数字的取位规定:水准测量视距应取位至 1.0m,视距总和取位至 0.01km,高差中数取位至 0.1mm,高差总和取位至 1.0mm,角度测量的秒取位至 1.0″。

(4) 观测手簿中,对于有正负意义的量,记录计算时,一定要带上“+”号或“-”号,即使是“+”号也不能省略。

(5) 简单计算,如平均值、方向值、高差(程)等,应边记录、边计算,以便超限时能及时发现问题并立即重测。较为复杂的计算,可在实训完成后及时算出。

(6) 计算必须认真仔细,保证无误。

第二部分　测量课间实训

实训一　DS3 型水准仪的认识和使用

一、实训目的

(1) 认识 DS3 型微倾水准仪的基本构造，熟悉各部件的名称、功能及作用；
(2) 初步掌握水准仪的使用方法；
(3) 能准确读取水准尺的读数；
(4) 测出地面上任意两点间的高差。

二、实训仪器和工具

每组借 DS3 型微倾水准仪 1 台套，水准尺 2 根，尺垫 2 个，记录板 1 个，铅笔、计算器(自备)。

三、实训任务

(1) 熟悉水准仪各部件的名称及其作用；
(2) 学会整平水准仪的方法；
(3) 学会瞄准目标，消除视差及利用望远镜的中丝在水准尺上读数；
(4) 学会测定地面两点间的高差。

四、实训组织和学时

每组 4 人，轮流操作，课内 2 学时。

五、实训方法和步骤

1. 认识水准仪各部件的名称及其作用

水准仪外形如图 2.1 所示。

2. 认识 DS3 型水准仪

(1) 指导老师应详细介绍 DS3 型水准仪的基本构造、各个部件及其作用；
(2) 指导老师应讲解 DS3 型水准仪的正确安置方法并现场示范；

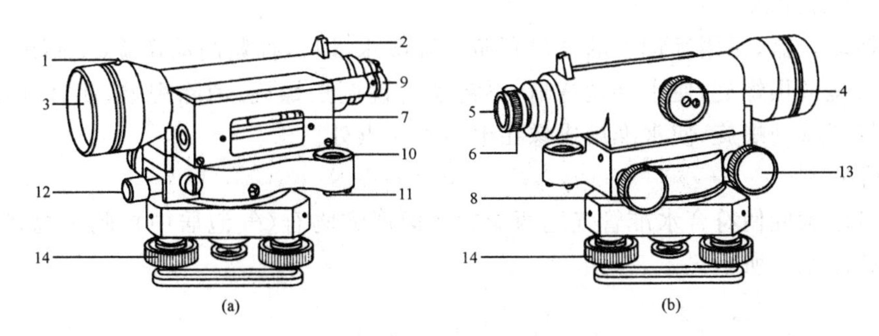

图 2.1　DS3 型微倾水准仪

1—准星；2—缺口；3—物镜；4—物镜调焦螺旋；5—目镜；6—目镜调焦螺旋；7—管水准器；8—微倾螺旋；9—管水准器气泡观察窗；10—圆水准器；11—圆水准器校正螺旋；12—水平制动螺旋；13—水平微动螺旋；14—脚螺旋

(3) 指导老师应介绍水准尺及其分划特点；

(4) 指导老师应介绍照准、精平、读数的方法以及检查并消除视差的方法。

3. 水准仪的使用

水准仪在一个测站上的操作顺序为：安置仪器→粗略整平→瞄准水准尺→精确整平→读数。

(1) 安置仪器

在测站上将三角架张开，按观测者的身高调节三脚架腿的高度，使架头大致水平。对泥土地面，应将三脚架脚尖踩入土中，以防仪器下沉；对水泥地面，要采取防滑措施；对倾斜地面，应将三脚架的一个脚安放在高处，另两只脚安置在低处。

打开仪器箱，记住仪器的摆放位置，以便仪器装箱时按原位放回。将水准仪从仪器箱中取出，用中心连接螺旋将仪器连在三脚架上，中心连接螺旋松紧要适中。

(2) 粗略整平

粗略整平简称粗平，就是旋转脚螺旋使圆气泡居中。方法是首先对向转动两只脚螺旋，使圆水准器气泡向中间移动，再转动另一脚螺旋，使气泡移至居中位置。如图 2.2 所示。

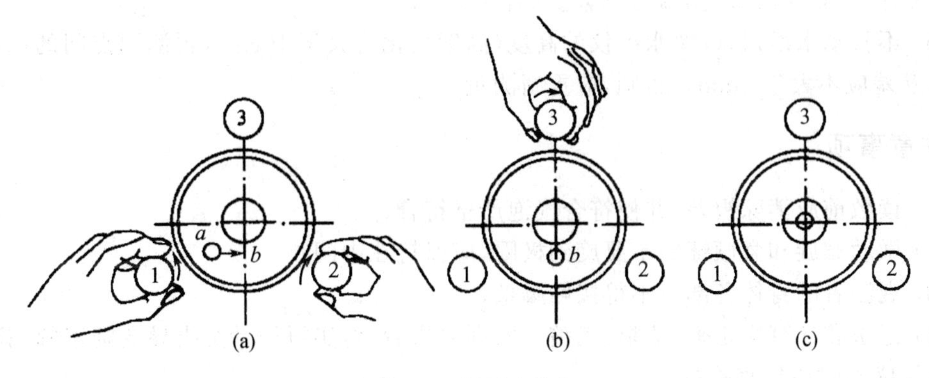

图 2.2　粗平水准仪

(3) 瞄准水准尺

首先转动仪器,用望远镜上的准星和照门瞄准水准尺,拧紧制动螺旋(手感螺旋有阻力)然后转动目镜调焦螺旋,使十字丝清晰,再转动物镜调焦螺旋,消除视差,使目标成像清晰。最后转动仪器微动螺旋,使水准尺成像在十字丝交点处。

(4) 精平

转动微倾螺旋使符合水准管气泡两端的影像严密吻合(气泡居中),此时视线即处于水平状态。如图 2.3 所示。

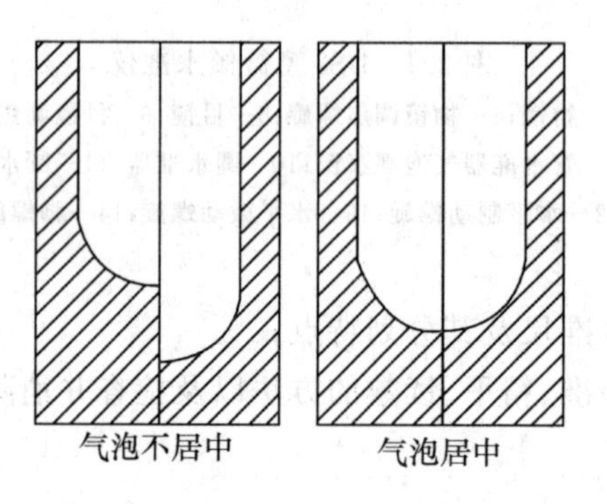

图 2.3 符合水准器影像

(5) 读数

仪器精平后,立即用十字丝的中丝在水准尺上读数。首先估读出水准尺上毫米数,然后将全部读数读出。一般应读出四位数,即米、分米、厘米及毫米。读完应立即检查仪器是否仍精平,若气泡偏离较大,需重新调平再读数。

4. 测定地面上两点间的高差

(1) 在地面上选择 A、B 两个固定点,并在两点上竖立水准尺;

(2) 在 A、B 两点间安置水准仪,并使仪器至 A、B 两点的距离大致相等;

(3) 瞄准后视尺 A,精平后读取读数 a,记入记录表中;

(4) 松开仪器制动螺旋,瞄准前视尺 B,精平后读取读数 b,记入记录表中;

(5) 计算 A、B 两点间的高差 h_{AB}。$h_{AB}=a-b$;

(6) 不移动水准尺,改变水准仪的高度(高度变化要大于 10cm),再测两点间的高差,所测高差互差应不大于 5mm。否则,应重新测量。

六、注意事项

(1) 读数前应消除视差,并使符合气泡严格符合;

(2) 微动螺旋和微倾螺旋不要旋到极限,应保持在中间;

(3) 观测者的身体各部位不得接触脚架;

(4) 记录和计算应正确、清晰、工整。实训完成后,将实习记录交指导老师审阅,验收合格方可将仪器归还到实验室。

实训报告一　DS3 型水准仪的认识和使用

日期＿＿＿＿＿＿＿　天气＿＿＿＿＿＿＿　观测者＿＿＿＿＿＿＿

班组＿＿＿＿＿＿＿　仪器＿＿＿＿＿＿＿　记录者＿＿＿＿＿＿＿

安置仪器	测点	后视读数(mm)	前视读数(mm)	高差(m)	高程(m)
第一次					
第二次					

实训二 普通水准测量

一、实训目的

(1) 进一步熟悉水准仪的使用步骤和方法；
(2) 掌握普通水准测量的观测、记录、计算和校核的方法；
(3) 熟悉水准路线的布设形式；
(4) 掌握高差闭合差的调整和高程的计算。

二、实训仪器和工具

DS3 型水准仪 1 台套，水准尺 2 根，尺垫 2 个，记录板 1 个，铅笔、计算器(自备)。

三、实训任务

(1) 每组布设并观测闭合(或附合)水准路线一条；
(2) 观测精度满足要求后，根据观测结果进行水准路线高差闭合差的调整和高程计算。

四、实训组织和学时

每组 4 人，轮流操作，课内 2 学时。

五、实训方法和步骤

(1) 将水准尺立于已知水准点上作为后视，水准仪置于施测路线附近合适的位置，在施测路线的前进方向上取仪器至后视大致相等的距离放置尺垫，竖立水准尺作为前视，注意视距不超过 100m；

(2) 瞄准后尺，精平后用中丝读取后视读数，掉转望远镜，瞄准前尺，精平后用中丝读取前视读数，分别记录、计算；

(3) 迁至下一站，重复上述操作程序，直至全部路线施测完毕；

(4) 根据已知点高程及各测站高差，计算水准路线的高差闭合差，并检查高差闭合差是否超限，其限差公式为：

$$f_{h允} = \pm 40\sqrt{L}(\mathrm{mm}) \quad 或 \quad f_{h允} = \pm 12\sqrt{n}(\mathrm{mm})$$

式中，L 为水准路线的长度(以 km 为单位)，n 为测站数；

(5) 若高差闭合差在容许范围内，则对高差闭合差进行调整，计算各待定点的高程。

六、注意事项

(1) 微倾水准仪每次读数前水准管气泡要严格居中；
(2) 注意用中丝读数，不要误读为上、下丝读数，读数时要消除视差；
(3) 水准视距长度应小于 100m，中丝最小读数不得小于 0.3m，最大读数不得超过

2.7m；

(4) 后视尺垫在水准仪搬动前不得移动，仪器迁站时，前视尺垫不能移动，在已知高程点和待定高程点上不得放尺垫；

(5) 水准尺必须扶直，不得前后左右倾斜。

实训报告二　普通水准测量

日期______________　　天气______________　　观测者______________

班组______________　　仪器______________　　记录者______________

测　站	测　点	后视读数(mm)	前视读数(mm)	高　差(m)	高　程(m)
计算校核	$\sum a-\sum b=$		$\sum h=$		
成果检验	$f_h=$		$f_{h允}=$		

普通水准测量成果计算

测段编号	点　名	测站数	实测高差（m）	改正数（m）	改正后的高差（m）	高　程（m）	备　注
$\sum$							
辅助计算	$f_h =$　　$\sum n =$ $f_{h容} =$						

实训三　四等水准测量

一、实训目的

(1) 掌握四等水准测量的观测、记录、计算及校核方法；
(2) 熟悉四等水准测量的主要技术指标；
(3) 掌握水准路线的布设及闭合差的计算。

二、实训仪器和工具

DS3 型水准仪 1 台套，水准尺 1 对，尺垫 2 个，记录板 1 个，记录板 1 个，铅笔、计算器(自备)。

三、实训任务

(1) 用四等水准测量方法观测一闭合或附合水准路线；
(2) 进行高差闭合差的调整与高程计算。

四、实训组织和学时

每组 4 人，轮流操作，课内 4 学时。

五、实训方法和步骤

1. 观测方法

选择一条闭合(或附合)水准路线，按下列顺序进行逐站观测：
(1) 照准后视尺黑面，精平后读取下丝、上丝、中丝读数；
(2) 照准后视尺红面，精平后读取中丝读数；
(3) 照准前视尺黑面，精平后读取下丝、上丝、中丝读数；
(4) 照准前视尺红面，精平后读取中丝读数。

2. 计算和校核

将观测数据记入表中相应栏中，计算和校核要求如下：
(1) 视线高度在 0.3～2.7m 之间；
(2) 视线长度不超过 100m；
(3) 前、后视距差不超过±3m，视距累积差不超过±10m；
(4) 红、黑面读数差不超过±3mm；
(5) 红、黑面高差之差不超过±5mm；
(6) 高差闭合差不超过$\pm 20\sqrt{L}$ mm(平地)或 $f_{h允}=\pm 6\sqrt{n}$ mm(山区)，L 为水准路线

的长度(以 km 为单位),n 为测站数。

六、注意事项

(1) 观测的同时,记录员应及时进行测站计算检核,符合要求方可迁站,否则应重测;
(2) 仪器未迁站时,后视尺不得移动;仪器迁站时,前视尺不得移动。

实训报告三　四等水准测量

日期＿＿＿＿＿＿　天气＿＿＿＿＿＿　观测者＿＿＿＿＿＿

班组＿＿＿＿＿＿　仪器＿＿＿＿＿＿　记录者＿＿＿＿＿＿

测站	点号	后尺 下丝 / 上丝	前尺 下丝 / 上丝	方向及尺号	水准尺读数		K+黑−红	高差中数(m)	备注
		后视距(m)	前视距(m)		黑面(m)	红面(m)			
		视距差 d(m)	累积差 $\sum d$ (m)						
				后					
				前					
				后−前					
				后					
				前					
				后−前					
				后					
				前					
				后−前					
				后					
				前					
				后−前					
				后					
				前					
				后−前					
				后					
				前					
				后−前					
				后					
				前					
				后−前					

续表

测站	点号	后尺 下丝 / 上丝 后视距(m) 视距差 d(m)	前尺 下丝 / 上丝 前视距(m) 累积差 $\sum d$(m)	方向及尺号	水准尺读数 黑面(m)	水准尺读数 红面(m)	K+黑−红	高差中数(m)	备注
				后					
				前					
				后−前					
				后					
				前					
				后−前					
				后					
				前					
				后−前					
				后					
				前					
				后−前					
				后					
				前					
				后−前					
				后					
				前					
				后−前					
				后					
				前					
				后−前					

续表

测站	点号	后尺 下丝	前尺 下丝	方向及尺号	水准尺读数		K+黑一红	高差中数(m)	备注
		上丝	上丝		黑面(m)	红面(m)			
		后视距(m)	前视距(m)						
		视距差 d(m)	累积差 $\sum d$ (m)						
				后					
				前					
				后一前					
				后					
				前					
				后一前					
				后					
				前					
				后一前					
				后					
				前					
				后一前					
				后					
				前					
				后一前					
				后					
				前					
				后一前					
				后					
				前					
				后一前					

四等水准测量成果计算表

测段编号	点　名	测站数或距离	实测高差（m）	改正数（m）	改正后的高差（m）	高　程（m）	备　注
Σ							
辅助计算		$f_h =$ $f_{h容} =$					

实训四　DS3 微倾式水准仪的检验与校正

一、实训目的

(1) 了解水准仪的主要轴线及它们之间应满足的几何关系；

(2) 掌握 DS3 微倾式水准仪的检验与校正方法。

二、实训仪器和工具

DS3 型水准仪 1 台套，水准尺 2 个，尺垫 2 个，记录板 1 个，皮尺 1 把，铅笔、计算器(自备)。

三、实训任务

(1) 水准仪的一般检视；

(2) 圆水准轴平行于仪器竖轴的检验与校正；

(3) 十字丝横丝垂直于仪器竖轴的检验与校正；

(4) 视准轴平行于水准管轴的检验与校正。

四、实训组织和学时

每组 4 人，轮流操作，课内 2 学时。

五、实训方法和步骤

1. 水准仪的一般检视

检查三脚架是否稳固，安置仪器后检查制动螺旋、微动螺旋、微倾螺旋、调焦螺旋、脚螺旋等，看转动是否灵活、有效，记录在实训报告中。

2. 圆水准轴平行于仪器竖轴的检验和校正

(1) 检验：如图 2.4 所示，转动脚螺旋使圆水准气泡居中，将仪器绕竖轴旋转 180°，若气泡仍居中，说明此条件满足，否则需校正。

(2) 校正：用校正针拨动圆水准器下面的三个校正螺丝，使气泡向居中位置移动偏离长度的一半，然后再旋转脚螺旋使气泡居中。拨动三个校正螺丝前(见图 2.5)，应一松一紧，校正完毕后注意把螺丝紧固。校正必须反复数次，直到仪器转动到任何方向圆气泡都居中为止。

3. 十字丝横丝垂直于仪器竖轴的检验与校正

(1) 检验：水准仪整平后，用十字丝横丝的一端瞄准与仪器等高的一固定点，固定制动螺旋，然后用微动螺旋缓缓地转动望远镜，若该点始终在十字丝横丝上移动，说明此条件满

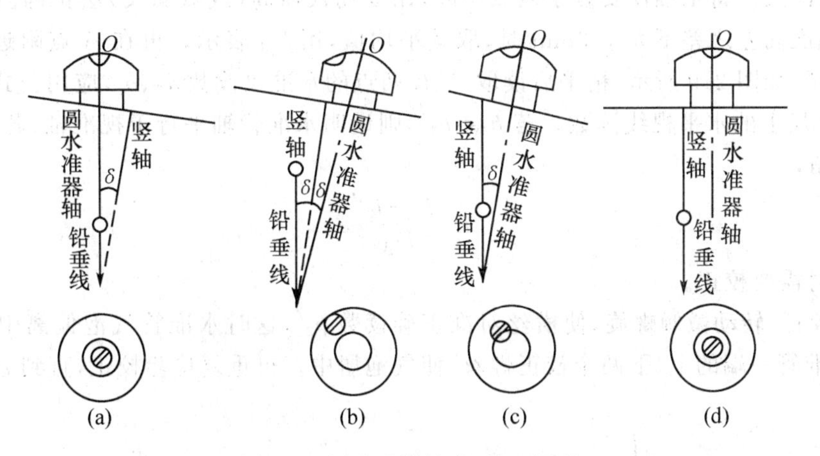

图 2.4　圆水准器检验、校正原理

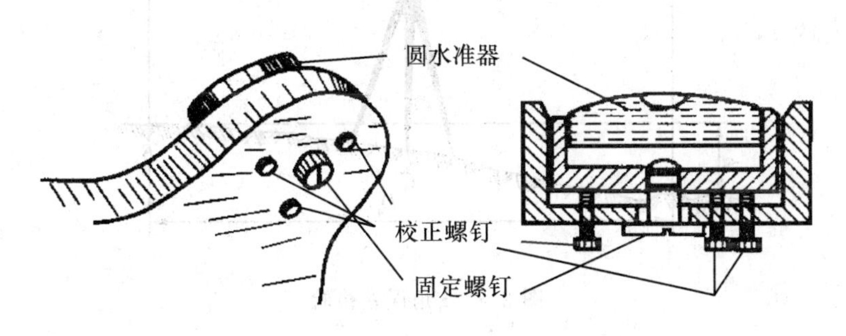

图 2.5　圆水准器的校正

足;若该点偏离横丝,则表示条件不满足,需要校正。十字丝横丝检验如图 2.6 所示。

(2) 校正:旋下靠目镜处的十字丝环外罩,用螺丝刀松开十字丝环的四个固定螺丝,按横丝倾斜的反方向转动十字丝环,使横丝与目标点重合,再进行检验,直到目标点始终在横丝上相对移动为止,最后旋紧十字丝环固定螺丝,盖好护罩。十字丝的校正装置如图 2.7 所示。

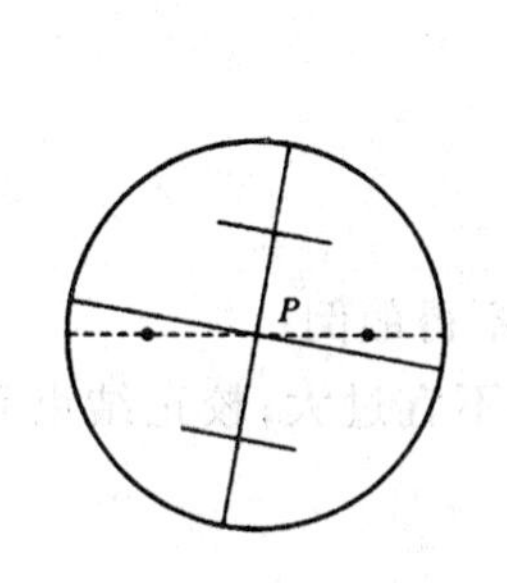

图 2.6　十字丝横丝的检验

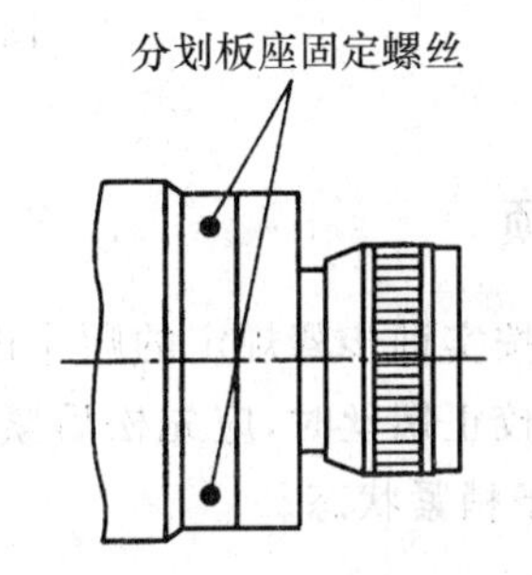

图 2.7　十字丝的校正装置

4. 视准轴平行于水准管轴的检验与校正

(1) 检验:如图 2.8 所示,在地面上选择相距约 80m 的 A、B 两点,分别在两点上放置尺垫，竖立水准尺。将水准仪安置于两点中间，用变动仪器高（或双面尺）法正确测出 A、B 两点高差，两次高差之差不大于 3mm 时，取其平均值，用 h_{AB} 表示。再在 A 点附近 3～4m 处安置水准仪，如图 2.9 所示，精平后读取 A、B 两点的水准尺读数 a_2、b_2，应用公式 $b_2'=a_2-h_{AB}$ 求得 B 尺上的水平视线读数。若 $b_2=b_2'$，则说明水准管轴平行于视准轴；若 $b_2\neq b_2'$，则应计算 i 角，

$$i=\frac{b_2-b_2'}{D_{AB}}\rho$$

当 $i>20''$ 时需要校正。

（2）校正：转动微倾螺旋，使横丝对准正确读数 b_2'，这时水准管气泡偏离中央，用校正针拨动水准管一端的上、下两个校正螺丝，使气泡居中。再重复检验校正，直到 $i<20''$ 为止。

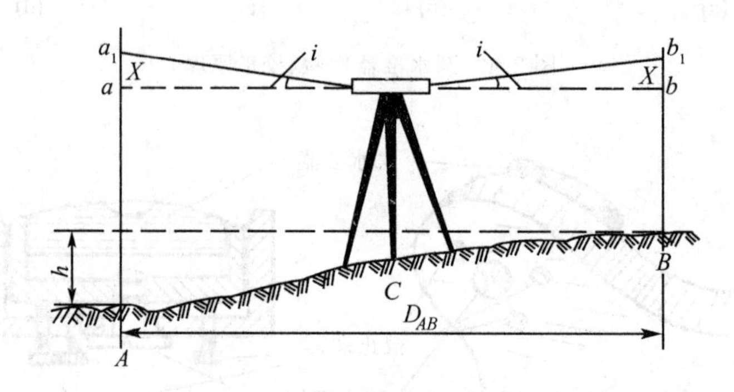

图 2.8　i 角误差检验

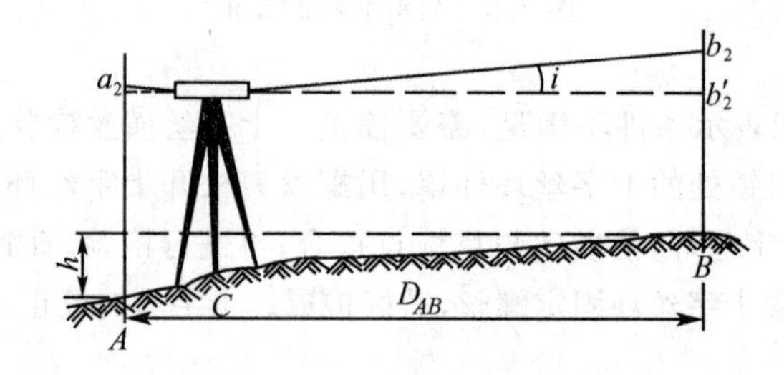

图 2.9　i 角误差检验

六、注意事项

（1）必须按实训步骤规定的顺序进行检验和校正，不得颠倒；

（2）拨动校正螺丝时，应先松后紧，一松一紧，用力不宜过大；校正结束后，校正螺丝不能松动，应处于稍紧状态。

实训报告四　DS3 微倾式水准仪的检验与校正

1. 一般性检验

检验项目	检验结果
三角架是否牢固	
制动与微动螺旋是否有效	
微倾螺旋是否有效	
调焦螺旋是否有效	
脚螺旋是否有效	
望远镜成像是否清晰	
其他	

2. 圆水准器轴平行于仪器竖轴的检验与校正

检验(旋转仪器 180°)次数	气泡偏差数(mm)	检验者

3. 十字丝横丝垂直于仪器竖轴的检验与校正

检验次数	误差是否显著	检验者

4. 视准轴平行于水准管轴的检验与校正

<table>
<tr><th colspan="3">仪器在中点求正确高差</th></tr>
<tr><td rowspan="3">第一次</td><td>A 点尺上读数 a_1</td><td></td></tr>
<tr><td>B 点尺上读数 b_1</td><td></td></tr>
<tr><td>$h_1=a_1-b_1$</td><td></td></tr>
<tr><td rowspan="3">第二次</td><td>A 点尺上读数 a_1'</td><td></td></tr>
<tr><td>B 点尺上读数 b_1'</td><td></td></tr>
<tr><td>$h_2=a_1'-b_1'$</td><td></td></tr>
<tr><td>平均值</td><td colspan="2">$h_{AB}=\frac{1}{2}(h_1+h_2)=$</td></tr>
</table>

<table>
<tr><th colspan="3">仪器在 A 点旁检验校正</th></tr>
<tr><td rowspan="4">第一次</td><td>A 点尺子读数 a_2</td><td></td></tr>
<tr><td>B 点尺子上应读数 b_2'
$b_2'=a_2-h_{AB}$</td><td></td></tr>
<tr><td>B 点尺子实际读数 b_2</td><td></td></tr>
<tr><td colspan="2">i 角误差计算 $i=\frac{b_2-b_2'}{D_{AB}}\rho=$</td></tr>
<tr><td rowspan="4">第二次</td><td>A 点尺子读数 a_2</td><td></td></tr>
<tr><td>B 点尺子上应读数 b_2'
$b_2'=a_2-h_{AB}$</td><td></td></tr>
<tr><td>B 点尺子实际读数 b_2</td><td></td></tr>
<tr><td colspan="2">i 角误差计算 $i=\frac{b_2-b_2'}{D_{AB}}\rho=$</td></tr>
</table>

实训五　DJ6 型光学经纬仪的认识和使用

一、实训目的

（1）了解 DJ6 光学经纬仪的基本构造及各部件的功能；

（2）掌握经纬仪的对中、整平、照准、读数的方法（要求对中误差不超过 3mm，整平误差不超过一格）；

（3）掌握水平度盘的配盘方法。

二、实训仪器和工具

DJ6 型经纬仪 1 台套，记录板 1 个，铅笔（自备）。

三、实训任务

（1）熟悉仪器各部件的名称和作用；

（2）学会经纬仪的对中、整平、瞄准和读数方法。

四、实训组织和学时

每组 4 人，轮流操作，课内 2 学时。

五、实训方法和步骤

1. 经纬仪的安置

（1）松开三脚架，安置于测站点上，高度适中，架头大致水平；

（2）打开仪器箱，双手握住仪器支架，将仪器从箱中取出置于三脚架上，一手紧握支架，一手拧紧连螺旋。

2. 经纬仪的使用

（1）对中：调整光学对中器的调焦螺旋，看清测站点标志，依次移动三脚架其中的两个脚，使对中器中的十字丝对准测站点，踩紧三脚架，通过调节三脚架高度使圆水准气泡居中。

（2）整平：转动照准部，使水准管平行于任意一对脚螺旋，同时相对旋转这对脚螺旋，使水准管气泡居中；将照准部绕竖轴转动 90°，旋转第三只脚螺旋，使气泡居中。再转动 90°，检查气泡误差，直到小于分划线的一格为止。

（3）瞄准：用望远镜上的瞄准器瞄准目标，从望远镜中看到目标，旋转望远镜和照准部的制动螺旋，转动目镜调焦螺旋，使十字丝清晰。再转动物镜调焦螺旋，使目标影像清晰，转动望远镜和照准部的微动螺旋，使目标被单丝平分，或将目标夹在双丝中央。

（4）读数：打开并调节反光镜，使读数窗亮度适当，旋转读数显微镜的目镜，看清读数窗分划，进行读数。

六、注意事项

(1) 仪器从箱中取出前,应看好它的放置位置,以免装箱时不能恢复原位;

(2) 仪器在三脚架上未固连好前,手必须握住仪器,不得松手,以防仪器跌落,摔坏仪器;

(3) 仪器入箱后,要及时上锁,提动仪器前检查是否存在事故危险;

(4) 仪器制动后不可强行转动,需转动时可用微动螺旋。

实训报告五　DJ6 型光学经纬仪的认识和使用

1. 了解经纬仪各部件的名称及功能

部件名称	功　　能
照准部水准管	
照准部制动螺旋	
照准部微动螺旋	
望远镜制动螺旋	
望远镜微动螺旋	
水平度盘变换螺旋	
竖盘指标水准管	
竖盘指标水准管微动螺旋	

2. 读数练习

测　站	目　标	盘左读数 ° ′ ″	盘右读数 ° ′ ″

实训六 测回法观测水平角

一、实训目的

(1) 进一步熟悉光学经纬仪的使用;
(2) 熟练掌握测回法观测水平角的操作方法;
(3) 熟练掌握测回法观测水平角的记录和计算。

二、实训仪器和工具

DJ6 型经纬仪 1 台套,测伞 1 把,记录板 1 个,铅笔(自备)。

三、实训任务

用测回法对某一水平角观测三个测回,上、下半测回的角值之差和测回差均不得超过±40″。

四、实训组织和学时

每组 4 人,轮流操作,课内 4 学时。

五、实训方法和步骤

1. 安置经纬仪

将仪器安置于测站点上,对中、整平。

2. 度盘配置

要求观测三个测回,测回间度盘变动 180°/n。

3. 一测回观测

盘左:瞄准左目标,配置度盘,读数记 a_1,顺时针方向转动照准部,瞄准右目标,读数记 b_1,计算上半测回角值 $\beta_{左}=b_1-a_1$。

盘右:瞄准右目标,读数记 b_2,逆时针方向转动照准部,瞄准左目标,读数记 a_2,计算下半测回角值 $\beta_{右}=b_2-a_2$。检查上、下半测回角值互差不超过±36″,计算一测回角值:

$$\beta_1=\frac{1}{2}(\beta_{左}+\beta_{右})$$

4. 计算水平角

测站观测完毕后,检查各测回角值互差是否不超过±40″,计算各测回的平均角值:

$$\beta=\frac{1}{3}(\beta_1+\beta_2+\beta_3)$$

六、注意事项

（1）一测回观测过程中，若水准管气泡偏离值超过一格时，应整平后重测；

（2）同一测回观测时，切勿误动度盘变换手轮或复测扳手；

（3）计算水平角值时，是以右边方向的读数减去左边方向的读数，若不够减，则在右边方向上加 360°。

实训报告六　测回法观测水平角

日期＿＿＿＿＿＿　天气＿＿＿＿＿＿　观测者＿＿＿＿＿＿

班组＿＿＿＿＿＿　仪器＿＿＿＿＿＿　记录者＿＿＿＿＿＿

测回	竖盘	目标	水平度盘读数 °　′　″	半测回角值 °　′　″	一测回角值 °　′　″	各测回平均角值 °　′　″

续表

测　回	竖　盘	目　标	水平度盘读数 °　′　″	半测回角值 °　′　″	一测回角值 °　′　″	各测回平均角值 °　′　″

实训七　全圆测回法观测水平角

一、实训目的

（1）进一步熟悉光学经纬仪的使用；

（2）熟练掌握全圆测回法观测水平角的操作方法；

（3）熟练掌握全圆测回法观测水平角的记录和计算。

二、实训仪器和工具

DJ6 型经纬仪 1 台套，测伞 1 把，记录板 1 个，铅笔（自备）。

三、实训任务

用全圆测回法在一个测站上观测 4 个方向，要求观测三个测回，半测回归零差以及各测回归零后方向值之差均不超过±36″。

四、实训组织和学时

每组 3 人，轮流操作，课内 4 学时。

五、实训方法和步骤

1. 安置经纬仪

将仪器安置于测站点上，对中、整平。

2. 度盘配置

要求观测三个测回，测回间度盘变动 $180°/n$。

3. 一测回观测

（1）如图 2.10 所示，在 O 点安置经纬仪，盘左位置，瞄准零方向 A，旋紧水平制动螺旋，转动水平微动螺旋精确瞄准，转动度盘变换器使水平度盘读数略大于 0°，再检查望远镜是否精确瞄准，然后读数记录。

（2）顺时针方向旋转照准部，依次照准 B、C、D 点，最后闭合到零方向 A，读数依次记录在手簿中相应栏内。

（3）纵转望远镜，盘右位置精确照准零方向 A，记录读数。

（4）逆时针方向转动照准部，按上半测回的相反次序观测 D、C、B，最后观测至零方向 A，将各方向读数值记录在手簿中。

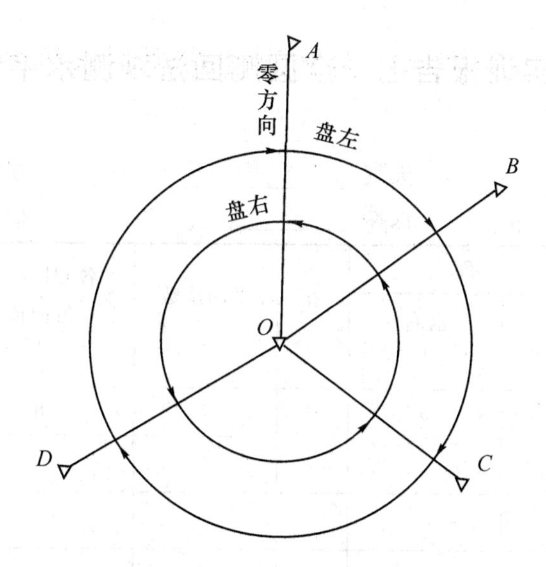

图 2.10　方向观测法观测水平角

4. 计算

(1) 半测回归零差的计算：由于半测回归零方向 A 有前、后两次读数，两次读数之差即为半测回归零差。若不超过限差规定，则取平均值作为零方向值。

(2) $2C$ 误差的计算：$2C=L-(R\pm180°)$，对 J6 级光学经纬仪 $2C$ 误差不作要求，仅作为观测者自检。

(3) 各方向平均读数(平均值)的计算：平均读数$=\frac{1}{2}(L+R\pm180°)$。

(4) 归零方向值的计算：归零方向值＝各方向值的平均值－零方向平均值。

(5) 各测回归零方向值的平均值的计算：比较同一方向各测回归零后的方向值，若不超过限差规定，将各测回同一方向的归零值取平均值即为各测回归零方向值的平均值。

六、注意事项

(1) 在几个目标中选择一个标志清晰、通视好且距离测站点较远的点作为零方向；

(2) 一测回观测过程中，若水准管气泡偏离值超过一格时，应整平后重测；

(3) 同一测回观测时，切勿误动度盘变换手轮或复测扳手。

实训报告七　全圆测回法观测水平角

日期＿＿＿＿＿＿　　天气＿＿＿＿＿＿　　观测者＿＿＿＿＿＿

班组＿＿＿＿＿＿　　仪器＿＿＿＿＿＿　　记录者＿＿＿＿＿＿

测站	测回数	目标	读数		2c	平均读数	各测回归零方向值	各测回归零方向值的平均值
			盘左 ° ′ ″	盘右 ° ′ ″	″	° ′ ″	° ′ ″	° ′ ″
1	2	3	4	5	6	7	8	9

续表

测站	测回数	目标	读数		2c ″	平均读数 ° ′ ″	各测回归零方向值 ° ′ ″	各测回归零方向值的平均值 ° ′ ″
			盘左 ° ′ ″	盘右 ° ′ ″				
1	2	3	4	5	6	7	8	9

实训八　竖直角测量

一、实训目的

(1) 加深对竖直角测量原理的理解；
(2) 了解竖直度盘的构造，掌握竖直角计算公式的确定方法；
(3) 掌握竖直角的观测、记录和计算方法；
(4) 掌握竖盘指标差的计算方法。

二、实训仪器和工具

DJ6 型经纬仪 1 台套，测伞 1 把，记录板 1 个，铅笔（自备）。

三、实训任务

(1) 选择两个不同高度的目标，每人观测竖直角两个测回；
(2) 计算竖直角和仪器的竖盘指标差。

四、实训组织和学时

每组 4 人，轮流操作，课内 2 学时。

五、实训方法和步骤

1. 安置经纬仪

将仪器安置于测站点上，对中、整平；转动望远镜，观察竖盘读数的变化规律。

2. 观测

(1) 盘左：精确瞄准目标，使竖盘指标水准器气泡居中，读取竖盘读数 L；
(2) 盘右：再次精确瞄准目标，使竖盘指标水准器气泡居中，读取竖盘读数 R。

3. 计算竖直角及指标差

竖直角：

$$\alpha=\frac{1}{2}(R-L-180^{\circ})$$

指标差：

$$x=\frac{1}{2}(L+R-360^{\circ})$$

4. 限差要求

(1) 各测回竖直角互差不大于±24″；

（2）各测回指标差互差应不大于±24″。

六、注意事项

（1）每次读数前应使指标水准管气泡居中；

（2）计算竖直角和指标差时，应注意正、负号。

实训报告八　竖直角测量

日期________________　　天气________________　　观测者________________

班组________________　　仪器________________　　记录者________________

测站	目标	竖盘	竖盘读数 °　′　″	半测回竖直角 °　′　″	指标差 ″	一测回竖直角 °　′　″	各测回平均竖直角 °　′　″

实训九　DJ6 型经纬仪的检验与校正

一、实训目的

(1) 通过实训掌握经纬仪轴线应满足的几何条件,并检验这些条件是否满足要求;
(2) 初步掌握照准部水准管、视准轴、十字丝和竖盘指标水准管的校正方法。

二、实训仪器和工具

DJ6 型经纬仪 1 台套,记录板 1 个,测伞 1 把,铅笔(自备)。

三、实训任务

(1) 照准部水准管轴垂直于仪器竖轴的检验与校正;
(2) 十字丝竖丝垂直于横轴的检验与校正;
(3) 视准轴垂直于横轴的检验与校正;
(4) 横轴垂直于竖轴的检验与校正;
(5) 竖盘指标差的检验与校正。

四、实训组织和学时

每组 4 人,共同完成,课内 2 学时。

五、实训方法和步骤

1. 一般性检验

主要检验三脚架是否牢固、架脚伸缩是否灵活;水平制动与竖直制动是否有效,水平微动与竖直微动螺旋是否有效;照准部转动和望远镜转动是否灵活自如;望远镜成像是否清晰;脚螺旋是否有效等。

2. 照准部水准管轴垂直于仪器竖轴的检验与校正

(1) 检验:将仪器大致整平,转动照准部使其水准管平行于任意一对脚螺旋,转动该对脚螺旋使气泡居中,再将照准部旋转 180°,若气泡仍居中,说明此条件满足,否则需要校正。

(2) 校正:用校正针拨动水准管一端的校正螺丝,先松后紧,使气泡退回偏离格数的一半,再转动脚螺旋使气泡居中。重复检验校正,直到水准管在任何位置时气泡偏离量都在一格以内。水准管检校原理如图 2.11 所示。

3. 十字丝竖丝垂直于横轴的检验与校正

(1) 检验:用十字丝竖丝一端瞄准细小点状目标,转动望远镜微动螺旋,使其移至竖丝另一端,若目标点始终在竖丝上移动,说明此条件满足,否则需要校正。

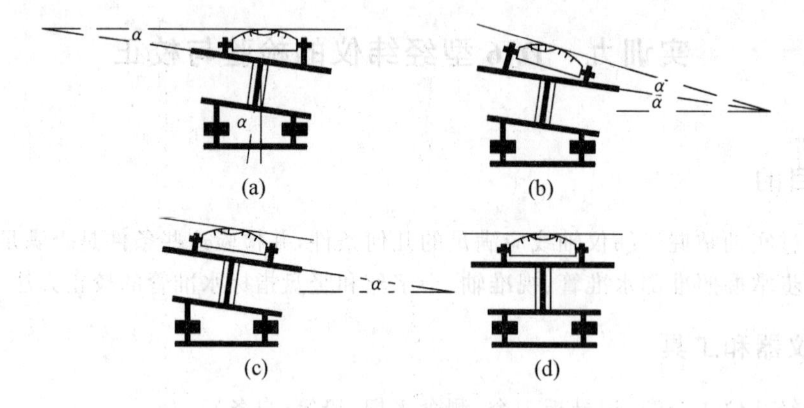

图 2.11　水准管检校原理

(2) 校正：旋下十字丝分划板护罩，用小改锥松开十字丝分划板的固定螺丝，微微转动十字丝分划板，使竖丝端点至点状目标的间隔减小一半，再返转到起始端点。重复上述检验校正，直到无显著误差为止，最后将固定螺丝拧紧。十字丝检校原理如图 2.12 所示。

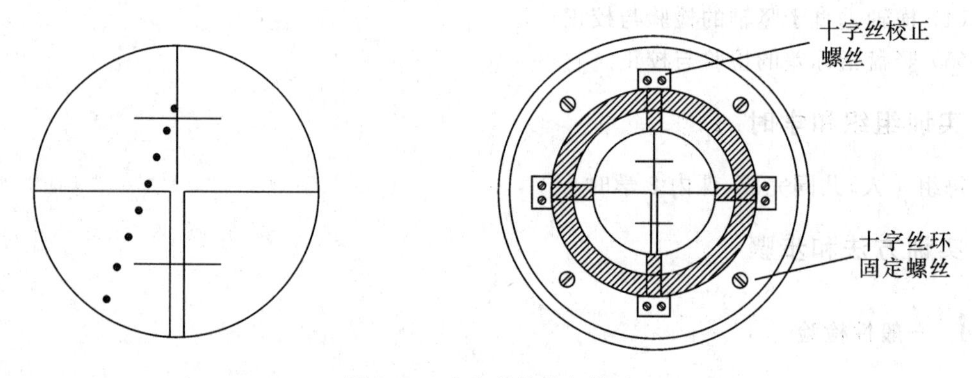

图 2.12　十字丝检验与校正

4. 视准轴垂直于横轴的检验与校正

(1) 检验：如图 2.13 所示，在平坦场地选择相距 100m 的 A、B 两点，仪器安置在两点中间的 O 点。在 A 点设置和经纬仪同高的点标志(或在墙上设同高的点标志)，在 B 点设一根水平尺，该尺与仪器同高且与 OB 垂直。检验时用盘左瞄准 A 点标志，固定照准部，倒转望远镜，在 B 点尺上定出 B_1 点的读数，再用盘右同法定出 B_2 点读数。若 $B_1=B_2$，说明此条件满足。否则，需要计算视准轴误差 C，计算式如下：

$$C=\frac{1}{4}\frac{B_1B_2}{OB}\rho''$$

当 $C>1'$ 时需要校正。

(2) 校正：在 B_1、B_2 点间 1/4 处定出 B_3 读数，使得

$$B_3=B_2-\frac{1}{4}(B_2-B_1)$$

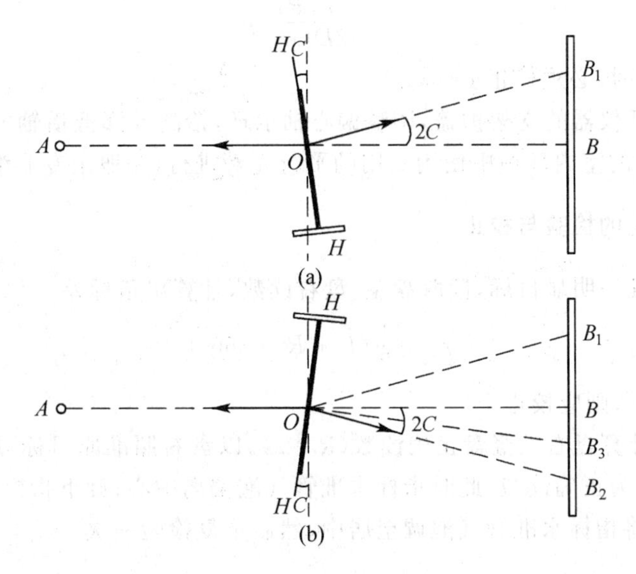

图 2.13　视准轴的检验与校正

拨动十字丝左、右校正螺旋，使十字丝交点与 B_3 点重合。如此反复检校，直到 $B_1B_2=$ 2cm 为止。最后旋上十字丝分划板护罩。

5. 横轴垂直于竖轴的检验与校正

（1）检验：如图 2.14 所示，在一面高墙上固定一个清晰的照准标志 P，在距墙面约 10～20m 处安置仪器，先盘左位置照准点 P（仰角宜大于 30°），固定照准部，然后使望远镜视准轴水平，在墙面上标出照准点 P_1；倒转望远镜，盘右再次照准 P 点，固定照准部，然后使望远镜视准轴水平，在墙面上标出照准点 P_2，则横轴误差的计算公式为：

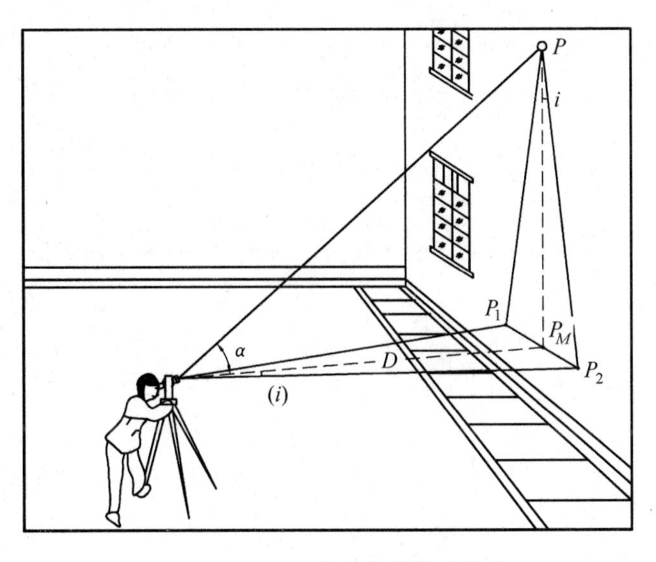

图 2.14　经纬仪横轴的检验

$$i = \frac{P_1 P_2}{2D\tan\alpha}\rho$$

计算出来的 $i \geqslant 20''$ 时，必须校正。

(2) 校正：打开仪器的支架护盖，调整偏心轴承环，抬高或降低横轴的一端使 $i = 0''$。此项校正需要在无尘的室内环境中使用专用的平行光管进行，一般由专业维修人员校正。

6. 竖盘指标差的检验与校正

(1) 检验：瞄准一明显目标，读取盘左、盘右读数，计算出指标差

$$x = \frac{1}{2}(L + R - 360°)$$

若指标差大于 $\pm 60''$，则应校正。

(2) 校正：先计算盘右的竖盘正确读数 $(R - x)$，以盘右照准原目标，用指标水准管微倾螺旋使竖盘读数变为正确读数，此时指标水准管气泡偏离中心；旋下指标水准管校正螺丝的护盖，再用校正针将指标水准管气泡调至居中，然后重复检验一次。

六、注意事项

(1) 实训步骤不能颠倒；

(2) 校正结束后，各校正螺丝应处于稍紧状态。

实训报告九　DJ6 型经纬仪的检验与校正

1. 一般性检验

检验项目	检验结果	检验者
三角架是否牢固,架腿伸缩是否灵活		
水平制动与微动螺旋是否有效		
望远镜制动与微动螺旋是否有效		
照准部转动是否灵活		
望远镜转动是否灵活		
望远镜成像是否清晰		
脚螺旋是否有效		
其他		

2. 照准部水准管轴垂直于仪器竖轴的检验与校正

检验次数	气泡偏离格数	检验者

3. 十字丝竖丝垂直于横轴的检验与校正

检验次数	误差是否显著	检验者

4. 视准轴与横轴垂直的检验、校正

检验次数	尺上读数		$\frac{B_2-B_1}{4}$	正确读数 $B_3=B_2-\frac{1}{4}(B_2-B_1)$	视准轴误差 $C=\frac{B_2-B_1}{4D_{OB}}$	检验者
	盘左:B_1	盘右:B_2				

5. 横轴应与竖轴垂直的检验、校正

检验次数	P_1、P_2 距离	竖盘读数	竖直角 α	仪器与墙距离 D	横轴误差 $i=\frac{P_1P_2}{2D\tan\alpha}\rho$	检验者

6. 竖盘指标差的检验与校正

检验次数	竖盘位置	竖盘读数 ° ′ ″	指标差 ″	盘右正确读数 ° ′ ″	检验者

实训十　钢尺量距与罗盘仪定向

一、实训目的

(1) 掌握钢尺一般量距的基本工作和方法；
(2) 能进行钢尺量距的数据计算，并能对外业观测数据进行精度评定；
(3) 学会用罗盘仪测定直线的磁方位角。

二、实训仪器和工具

30m 钢尺 1 把，罗盘仪 1 个，标杆 3 根，测钎 5 根，垂球 2 个，小木桩、小钉各 2 个，斧头 1 把。

三、实训任务

(1) 选择两个相距 70～100m 的 A、B 两点，用钢尺测量 A、B 两点的水平距离；
(2) 测定 AB 直线的磁方位角。

四、实训组织和学时

每组 4 人，共同合作，课内 2 学时。

五、实训方法和步骤

(1) 在较平坦的地面上选择相距 70～100m 的 A、B 两点，打下木桩，桩顶钉上小钉，如在水泥地面上，则画上"×"作为标志。

(2) 在 A、B 两点竖立标杆，据此进行直线定线。

(3) 往测时，后尺手持钢尺的零端，前尺手持钢尺盒并携带标杆和测钎沿 AB 方向前进，行至约一尺段处停下，听后尺手指挥左、右移动标杆，当标杆进入 AB 线内后插入地面，前、后尺手拉紧钢尺，后尺手将零刻划对准 A 点，喊"好"，前尺手在整尺段处插下测钎，即完成第一尺。两人抬尺前进，当后尺手行至测钎处，同法量取第二尺段，并收取测钎。继续前进量取其他整尺段，最后不足一尺段时，前尺手将一整分划对准 B 点，后尺手读出厘米或毫米，两者相减即为余长 q；最后计算 AB 总长 $D_{往}$。

$$D_{往}=n\times l+q$$

式中：n 为后尺手收起的测钎数(整此段数)，l 为钢尺名义长度，q 为余长。

(4) 返测，由 B 向 A 进行返测，返测时重新定线。测量方法同往测。

(5) 计算往、返测平均值及相对误差。在平坦地区，相对误差不应超过 1/3000 的精度要求，若达不到要求，必须重测。

$$D_{平}=\frac{1}{2}(D_{往}+D_{返})$$

$$k=\frac{|D_{往}-D_{返}|}{D_{平}}=\frac{1}{N}$$

（6）磁方位角测定：在A点安置罗盘仪，对中、整平后，松开磁针固定螺丝放下磁针，用罗盘仪的望远镜瞄准B点的标杆，待磁针静止后，读取磁针北端指示的刻度盘读数，即为AB直线的磁方位角。同法测量BA直线的磁方位角。最后检查两者之差不超过1°时，并取其平均值作为AB直线的磁方位角。

六、注意事项

（1）应熟悉钢尺的零点位置和尺面注记；

（2）量距时，钢尺要拉直、拉平、拉稳；

（3）要注意保护钢尺，防止钢尺打卷、受湿、车压，不得沿地面拖拉钢尺；

（4）测定磁方位角时，要认清磁北端，应避免铁器干扰。

实训报告十　钢尺量距与罗盘仪定向

日期＿＿＿＿＿＿　天气＿＿＿＿＿＿　观测者＿＿＿＿＿＿　班组＿＿＿＿＿＿

仪器＿＿＿＿＿＿　记录者＿＿＿＿＿＿　钢尺长度：$l=$

直线编号	测量方向	整尺段长 $n \times l$	余长 q	全长 D	往返均值	相对误差 K	磁方位角 ° ′ ″	平均磁方位角 ° ′ ″	备注
	往								
	返								
	往								
	返								
	往								
	返								
	往								
	返								
	往								
	返								
	往								
	返								
	往								
	返								

实训十一 视距测量

一、实训目的

掌握视距测量的观测、记录和计算方法。

二、实训仪器和工具

DJ6 型经纬仪 1 台套，水准尺 1 根，小钢尺 1 把，记录板 1 个，铅笔、计算器(自备)。

三、实训任务

掌握经纬仪视距测量的观测、记录和计算方法。

四、实训组织和学时

每组 4 人，轮流操作，课内 2 学时。

五、实训方法和步骤

(1) 将经纬仪安置于测站点 A 上，对中、整平后用小钢尺量取仪器高 i(精确到 cm)，并假定测站点的高程。在 B 点处竖立水准尺。

(2) 以经纬仪的盘左位置观测 B 点尺子，读取下丝读数、上丝读数、中丝读数。下丝读数减上丝读数，即得视距间隔 l。然后，将竖盘指标水准管气泡居中，读取竖盘读数，立即算出竖直角 α。

(3) 倒镜(盘右)按第 2 步重测一次。

(4) 计算 A、B 两点间水平距离、高差及待定点高程。计算公式为：

$$D=Kl\cos^2\alpha$$

$$h=D\tan\alpha+i-v$$

$$H_B=H_A+h$$

六、注意事项

(1) 视距测量观测前应对仪器竖盘指标差进行检验校正，使指标差在±60″以内；

(2) 观测时视距尺应竖直并保持稳定；

(3) 仪器高度、中丝读数和高差计算精确到厘米，平距精确到分米。

实训报告十一　视距测量

日期________　天气________　观测者________　班组________

仪器________　记录者________　仪器高 i=________　测站点高程 H_A=________

点号	竖盘位置	视距读数		视距间隔 l	中丝读数	竖盘读数 ° ′ ″	竖直角 ° ′ ″	平距(m)	高差(m)	高程(m)
		下丝	上丝							
	左									
	右									
	左									
	右									
	左									
	右									
	左									
	右									
	左									
	右									

实训十二　图根导线测量

一、实训目的

(1) 掌握导线的布设方法;

(2) 掌握导线测量的外业施测方法和步骤;

(3) 掌握导线测量的内业计算。

二、实训仪器和工具

DJ6 型经纬仪 1 台套,水准尺 1 个,测钎 2 根,斧头 1 把,小木桩、小钉若干,记录板 1 个,铅笔、计算器(自备)。

三、实训任务

(1) 在指定测区布设一条闭合导线,按照选点原则选点,用木桩、小钉作为标志,并统一将点号按逆时针编写;

(2) 根据外业观测数据和已知数据(起算数据),计算未知导线点的坐标,并进行精度评定。

四、实训组织和学时

每组 4 人,轮流操作,课内 4 学时。

五、实训方法和步骤

1. 选点

根据测区的地形情况选择一定数量的导线点,选点时应遵循下列原则:

(1) 相邻点间要通视,方便测角和量边;

(2) 点位要选在土质坚实的地方,以便于保存点的标志和安置仪器;

(3) 导线点应选择在周围地势开阔的地点,以便于测图时充分发挥控制点的作用;

(4) 导线边长要大致相等,以使测角的精度均匀;

(5) 导线点的数量要足够,密度要均匀,以便控制整个测区。

导线点选定后,用木桩打入地面,桩顶钉一小铁钉,以表示点位。在水泥地面上也可用红漆圈一圆圈,圆内点一小点或画一“十”字作为临时性标志。导线点要统一按逆时针编号,并绘制导线线路草图和点之记。

2. 水平角观测

用测回法观测导线的左角(导线内角)。一般用 DJ6 型经纬仪观测一个测回,盘左、盘右测得角度之差不得大于 40″,并取平均值作为最后角度。

3. 边长测量

导线边长可以用经纬仪测量，也可以用钢尺丈量，均要进行往返测量。钢尺往返丈量其相对误差一般不得超过 1/3000，在特殊困难地区也不得超过 1/1000。用经纬仪往返测量时，其相对误差不得超过 1/300。

4. 导线定向

导线与测区已有控制点之间的连接角，要观测两个测回，测回差不得大于 24″。

5. 内业计算

(1) 将导线测量外业数据抄入导线坐标计算表格内并核对。

(2) 计算导线角度闭合差。导线角度闭合差

$$f_\beta = \sum \beta_{测} - \sum \beta_{理} = \sum \beta_{测} - (n-2) \times 180°$$

对于图根导线，角度闭合差的容许值一般为：

$$f_{\beta允} = \pm 60''\sqrt{n}。$$

(3) 角度闭合差的调整。当角度闭合差 $f_\beta \leqslant f_{\beta允}$ 时，将角度闭合差以相反的符号平均分配给各观测角，即在每个角度观测值上加上一个改正数 v，其数值为：

$$v = -\frac{f_\beta}{n}。$$

(4) 坐标方位角的计算。角度闭合差调整好后，用改正后的角值从第一条边的已知方位角开始，依次推算出其他各边的方位角。其计算式为：

$$\alpha_{前} = \alpha_{后} \pm 180° \pm \beta。$$

(5) 坐标增量的计算。计算出导线各边边长和坐标方位角后，可计算各边的坐标增量，公式为：

$$\left.\begin{aligned} \Delta x &= D\cos\alpha \\ \Delta y &= D\sin\alpha \end{aligned}\right\}$$

(6) 坐标增量闭合差的计算。闭合导线的坐标增量闭合差为：

$$\left.\begin{aligned} f_x &= \sum \Delta x_{测} \\ f_y &= \sum \Delta y_{测} \end{aligned}\right\}$$

(7) 导线全长绝对闭合差 f 及相对闭合差 K 的计算：导线全长绝对闭合差 f 的大小可用下式求得：

$$f = \sqrt{f_x^2 + f_y^2}$$

导线相对闭合差

$$K = \frac{f}{\sum D} = \frac{1}{\sum D / f}$$

对于图根导线，K 值应不大于 1/2000。

(8) 坐标增量闭合差改正数的计算。各坐标增量改正值 δ_x、δ_y 可按下式计算：

$$\left.\begin{aligned}\sigma_{xi} &= -\frac{f_x}{\sum D}D_i \\ \sigma_{yi} &= -\frac{f_y}{\sum D}D_i\end{aligned}\right\}$$

(9) 坐标计算。导线点的坐标可按下式依次计算：

$$\left.\begin{aligned}x_2 &= x_1 + \Delta x_{12改} \\ y_2 &= y_1 + \Delta y_{12改}\end{aligned}\right\}$$

六、注意事项

(1) 导线按逆时针编号时，左角为导线的内角；导线按顺时针编号时，右角为导线的内角；

(2) 导线边长尽量相等，长、短边之比不得大于 3；

(3) 闭合导线坐标计算应坚持步步有检核的原则，以保证计算成果的正确性。

实训报告十二　图根导线测量(导线测量记录表)

日期:________　天气:________　观测者:________　记录者:________

测站	测回数	竖盘位置	目标	水平盘读数 ° ′ ″	半测回角值 ° ′ ″	一测回角值 ° ′ ″	各测回平均角值 ° ′ ″	目标	度盘位置	下丝 上丝	竖直角	竖盘读数 竖直角值	水平距离 D(m)	平均水平距离 $\overline{D}$(m)
		左							左					
		右							右					
		左							左					
		右							右					
		左							左					
		右							右					
		左							左					
		右							右					
		左							左					
		右							右					
		左							左					
		右							右					

续表

测站	测回数	竖盘位置	目标	水平盘读数 ° ′ ″	半测回角值 ° ′ ″	一测回角值 ° ′ ″	各测回平均角值 ° ′ ″	目标	度盘位置	下丝 上丝	竖直角	竖盘读数 竖直角值	水平距离 D(m)	平均水平距离 $\overline{D}$(m)
		左							左					
		右							右					
		左							左					
		右							右					
		左							左					
		右							右					
		左							左					
		右							右					
		左							左					
		右							右					
		左							左					
		右							右					

续表

测站	测回数	竖盘位置	目标	水平盘读数 ° ′ ″	半测回角值 ° ′ ″	一测回角值 ° ′ ″	各测回平均角值 ° ′ ″	目标	度盘位置	下丝	竖直角 竖盘读数	水平距离 D(m)	平均水平距离 $\overline{D}$(m)
										上丝	竖直角值		
		左							左				
		右							右				
		左							左				
		右							右				
		左							左				
		右							右				
		左							左				
		右							右				
		左							左				
		右							右				
		左							左				
		右							右				

导线坐标计算表

计算者:________ 校对者:________ 组次:________ 日期:________

点号	观测角值β ° ′ ″	改正后角值α ° ′ ″	坐标方位角 ° ′ ″	边长(m)	坐标增量(m)		改正后坐标增量(m)		坐标值(m)	
					ΔX	ΔY	ΔX′	ΔY′	X	Y

续表

点　号	观测角值 β ° ′ ″	改正后角值 α ° ′ ″	坐标方位角 ° ′ ″	边长(m)	坐标增量(m)		改正后坐标增量(m)		坐标值(m)	
					ΔX	ΔY	$\Delta X'$	$\Delta Y'$	X	Y
$\sum$										

$\sum\beta_{理}=$　　　　$f_{\beta允}=$

$f_\beta=$

$f_x=$　　　　$f_y=$

$f_s=$

$K=$　　　　$K_{允}=$

导线缩略图

实训十三　碎部测量

一、实训目的

（1）掌握选择地形点的要领；

（2）掌握经纬仪配合量角器测图的方法和步骤；

（3）掌握一个测站上的测绘工作。

二、实训仪器和工具

DJ6 型光学经纬仪 1 台套，小平板 1 块，绘图纸 1 张，水准尺 1 个，花杆 1 根，量角器 1 个，小针 1 根，记录板 1 个，铅笔、计算器（自备）。

三、实训任务

（1）在一个测站点上施测周围的地物和地貌，采用边测边绘的方法进行；

（2）根据地物特征点勾绘地物轮廓线，根据地貌特征点按 1m 等高距用目估法勾绘等高线。

四、实训组织和学时

每组 4 人，轮流操作，课内 2 学时。

五、实训方法和步骤

（1）在测站上安置经纬仪，对中、整平、定向（选择起始零方向，使水平度盘置零）。量取仪器高，假定测站点高程。

（2）图板安置在测站点附近，在图纸上定出测站点位置，画上起始方向线，将小针钉在测站点上，套上量角器并使之可绕小针自由转动。

（3）跑尺员按地形地貌有计划地跑点。

（4）观测员对每一立尺点依次读取三丝读数、竖直度盘和水平度盘的读数。

（5）计算视距、竖直角、高差、水平距离和碎部点高程。计算公式为：

$$D = kl\cos^2\alpha$$

$$h = D\tan\alpha + i - v$$

$$H_{碎} = H_{站} + h$$

（6）绘图员根据水平角读数和平距将立尺点展绘到图纸上，并在点位右侧注记高程，然后按实际地形勾绘等高线和按地物形状连接各地物点。

六、注意事项

（1）测定碎部点只用竖盘盘左位置，故观测前需校正竖盘指标差，使其小于±60″。

（2）观测员报出水平角后，绘图员随即将零方向线对准量角器上水平角读数，待报出平距和高程后，马上展绘出该碎部点。

(3) 比较平坦的地区可用“平截法”测定碎部点，将竖盘读数对准 $L=90°$（竖盘水准管气泡居中），读出中丝截尺数 v，即可算出该点高程。读取视距时，仍用上丝对准尺上整米数，因为倾角很小，视距不加倾斜改正即为平距。在平坦地区，采用“平截法”测定碎部点，计算简单，碎部点的高程精度亦较高。

(4) 每测 30 个碎部点要及时检查零方向，此工作称为归零，归零差不得超过±5″。

实训报告十三　碎部测量

日期________ 天气________ 观测者________ 班组________

仪器________ 记录者________ 测站点高程 H_A = ________ 仪器高 i = ________

后视点________

点号	视距读数		视距间隔 l	中丝读数	竖盘读数 ° ′ ″	竖直角 ° ′ ″	平距(m)	高差(m)	高程(m)
	下丝	上丝							

续表

点号	视距读数		视距间隔 l	中丝读数	竖盘读数 ° ′ ″	竖直角 ° ′ ″	平距(m)	高差(m)	高程(m)
	下丝	上丝							

实训十四　已知水平角和已知水平距离的测设

一、实训目的

（1）掌握已知水平角的测设方法；
（2）掌握已知水平距离的测设方法。

二、实训仪器和工具

DJ6 型经纬仪 1 台套，50 钢卷尺 1 根，木桩 1 个，记录板 1 个，铅笔、计算器（自备）。

三、实训任务

（1）已知水平角测设；
（2）已知水平距离测设。

四、实训组织和学时

每组 4 人，配合操作，共同完成，课内 2 学时。

五、实训方法和步骤

1. 测设设计角值为 β 的已知水平角

（1）地面上选 A、B 两点并打上木桩，桩顶钉小钉或画“十”字作为点位标志。

（2）在 A 点安置经纬仪，盘左位置转动照准部瞄准 B 点，并使水平度盘读数等于 0°。

（3）松开照准部制动螺旋，顺时针方向转动照准部，使度盘读数为 β，固定照准部，在此方向上距 A 点为 D（略短于一整尺段）处打一木桩，并在桩顶标出视线方向和 C' 点的点位。

（4）用测回法观测 $\angle BAC'$ 一个测回，若半测回角值之差不超过 $\pm 36''$，取其平均值为该角的观测值 β'。

（5）计算测设误差 $\Delta\beta=\beta'-\beta$，并根据 $\Delta\beta$ 计算改正数

$$CC'=D_{AC}\frac{\Delta\beta}{\rho''}$$

（6）过 C' 点作 AC' 的垂线，沿垂线向角内（$\Delta\beta$ 为正号）或角外（$\Delta\beta$ 为负号）量取 CC' 定出 C 点，则 $\angle BAC$ 即为所要测设的 β 角。

（7）检核：用测回法重新测量 $\angle BAC$，$\Delta\beta$ 在限差之内时，测设的水平角即为设计角值。否则要再进行改正，直到精度满足要求为止。

2. 测设长度为 D 的已知水平距离

（1）利用测设水平角的桩点，沿 AC 方向测设一段水平距离 D 等于 45m 的线段 AP。

（2）安置经纬仪于 A 点，瞄准 C 点，用钢尺自 A 点沿视线方向丈量概略长度 D，打桩并

在桩顶标出直线的方向和该点的概略位置 P'。

(3) 用钢尺丈量出 AP'的距离 D',求出改正值 $\Delta D=D'-D$。

(4) 若 $D'>D$,即 ΔD 为正值,则应由 P'点向 A 方向改正 ΔD 值得到点 P, AP 即为所测设的长度 D;若 $D'<D$,即 ΔD 为负值,则应由 P'点向 A 点相反方向改正 ΔD 值。

(5) 再检测 AP 两点的距离,与设计距离之差的相对误差应不大于$\frac{1}{5000}$。

六、注意事项

(1) 水平角测设时,要注意归化改正 CC'的方向。

(2) 为提高测设精度,测设距离时,钢尺要拉紧、拉稳、拉平。

实训报告十四　已知水平角和已知水平距离的测设

1. 测设水平角记录表

设计水平角值 ° ′ ″	已知方向值 ° ′ ″	测设角值 ° ′ ″

2. 水平角检测记录表

<table>
<tr><td rowspan="2">测站</td><td rowspan="2">竖盘位置</td><td rowspan="2">目标</td><td>水平度盘读数</td><td>半测回角值</td><td>一测回角值</td></tr>
<tr><td>° ′ ″</td><td>° ′ ″</td><td>° ′ ″</td></tr>
<tr><td rowspan="4"></td><td rowspan="2">左</td><td></td><td></td><td rowspan="2"></td><td rowspan="4"></td></tr>
<tr><td></td><td></td></tr>
<tr><td rowspan="2">右</td><td></td><td></td><td rowspan="2"></td></tr>
<tr><td></td><td></td></tr>
</table>

3. 测设水平角归化改正记录表

设计 水平角值 ° ′ ″	检测 水平角值 ° ′ ″	测设误差(″) $\Delta\beta=\beta'-\beta$	改正数(m) $CC'=D_{AC}\frac{\Delta\beta}{\rho''}$	向内或向外量

4. 水平距离测设记录表

设计水平距离 D(m)	检测水平距离 D'(m)	改正值 ΔD(m)	测设的实际距离 (m)	相对误差 K

实训十五　已知高程和已知坡度的测设

一、实训目的

（1）掌握测设已知高程点的方法；
（2）掌握设计坡度的测设方法。

二、实训仪器和工具

DS3 型水准仪 1 台套，水准尺 2 根，木桩 6 个，皮尺 1 把，铅笔、计算器(自备)。

三、实训任务

（1）通过一已知水准点测设某一设计高程点；
（2）测设某一设计坡度线。

四、实训组织和学时

每组 4 人，配合操作，共同完成，课内 2 学时。

五、实训方法和步骤

1. 测设已知高程点 *B*

（1）若 B 点附近没有已知高程点，则需在 B 点附近布设临时水准点 A，通过给定的水准点测量出 A 点高程 H_A。在欲测设高程点 B 处打一大木桩。

（2）安置水准仪于 A、B 两点之间，后视 A 点上的水准尺，读取后视读数 a，则水准仪视线高为 $H_i=H_A+\alpha$。

（3）计算前视尺应有的读数 $b=H_i-H_B$

（4）在 B 点紧贴木桩侧面立尺，观测者指挥持尺者将水准尺上下移动，当水准仪的横丝对准尺上读数 b 时，在木桩侧面用红铅笔画出水准尺零端位置线（即尺底线），此线即为所要测设已知高程点 B 的位置线。

（5）检测：重新测定 B 点的高程，与设计值 H_B 比较，若测设误差 $\Delta=H_{B设}-H_{B测}\leqslant\pm3$mm，尺零点位置即为设计 B 点。

2. 测设距离为 50m、设计坡度 *i* 为 −1% 的坡度线（要求每隔 10m 打一坡度桩）

（1）地面上选 M、N 两点，相距 50m，并沿 MN 方向量距，每隔 10m 打一木桩编号 1，2，3，4。

（2）设 M 点为坡度线起点，其高程为 H_M，根据设计坡度（−1%）和 MN 两点间的水平距离 D(50m) 计算出 N 点高程：$H_N=H_M-0.01D$，并用测设已知高程点的方法将 N 点的高程测设出来。

(3) 安置水准仪于 M 点,使一个脚螺旋位于 MN 方向上。另两个脚螺旋的连线与 MN 垂直,量取仪器高 i。

(4) 用望远镜瞄准 N 点上的水准尺,转动位于 MN 方向上的脚螺旋,使视线中丝对准尺上读数 i 处。

(5) 不改变视线方法,依次立尺于各桩顶,轻轻打桩,待尺上读数恰好为仪器高 i 时,桩顶即位于设计的坡度线上。

六、注意事项

(1) 当地面坡度不大,但地面起伏稍大时,不能将桩顶打在坡度线上,此时,可读取水准尺上的读数,然后计算出各中间点的填、挖高度。(填挖高度=水准尺读数$-i$)

(2) 当地面坡度较大时,应使用经纬仪进行测设。

实训报告十五　已知高程和已知坡度的测设

1. 测设已知高程

已知水准点高程（m）	后视读数（m）	视线高程（m）	测设高程（m）	前视应读数（m）

2. 高程检测

测　站	点　号	后视读数（m）	前视读数（m）	高　差（m）	高　程（m）	备　注

3. 测设某设计坡度

全长：________ 设计坡度：________ 起点高程：________ 终点高程：________

桩 号	仪器高(m)	尺上读数(m)	填、挖高度(m)	备 注

实训十六　圆曲线的测设(偏角法)

一、实训目的

(1) 掌握圆曲线要素的计算方法；
(2) 掌握圆曲线三主点的测设方法；
(3) 掌握用偏角法测设圆曲线细部的方法。

二、实训仪器和工具

经纬仪 1 台套，钢尺 1 把，木桩和小钉各 10 个，标杆 3 根，铅笔、计算器(自备)。

三、实训任务

(1) 计算曲线要素：切线长 T、曲线长 L、外矢距 E 及切曲差 q；
(2) 计算曲线三主点的里程；
(3) 计算细部点的偏角值；
(4) 测设圆曲线的三主点；
(5) 用偏角法测设圆曲线的细部。

四、实训组织和学时

每组 4 人，配合操作，共同完成，课内 4 学时。

五、实训方法和步骤

(本实训要求只放出圆曲线的一半)

1. 测设圆曲线的三主点

(1) 根据场地实际情况，选定适宜的半径。在老师的指导下现场选定交点 JD 的位置，并观测转向角 α；

(2) 计算曲线要素：切线长 T 、曲线长 L、外矢距 E 及切曲差 q；

$$T=R\tan\frac{\alpha}{2}$$

$$L=R\alpha\frac{180^\circ}{\pi}$$

$$E=R\left(\sec\frac{\alpha}{2}-1\right)$$

$$q=2T-L$$

(3) 计算三主点的里程

起点 ZY 的里程＝交点 JD 的里程－T

中点 QZ 的里程＝起点 ZY 的里程＋$\frac{L}{2}$

终点 YZ 的里程＝起点 ZY 的里程＋L

(4) 曲线三主点的测设

如图 2.15 所示，在交点 JD 安置经纬仪，对中、整平后分别瞄准 JD_1、JD_2 方向并测设切线长 T，得到曲线起点 ZY 和终点 YZ，并打木桩和小钉标志；在 JD 上后视 JD_1 点，拨角 $\frac{180°-\alpha}{2}$ 得角分线方向，沿此方向放样外矢距 E，得 QZ 点，并打木桩和小钉标志。

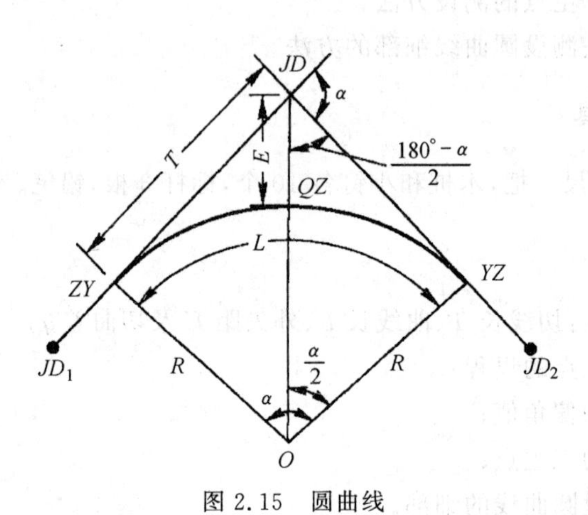

图 2.15　圆曲线

2. 偏角法测设圆曲线的细部点

(1) 计算圆曲线的偏角值、弦长及弦弧差。

偏角 $$\delta_i=\frac{\varphi_i}{2}=\frac{l_i}{2R}\frac{180°}{\pi}$$

弦长 $$c=2R\sin\frac{\varphi}{2}=2R\sin\delta$$

弦弧差 $$\Delta=c-l=-\frac{l^3}{24R^2}$$

(2) 如图 2.16 所示，在 ZY 点安置经纬仪，瞄准 JD 点，并将水平度盘设置为 0°00′00″；

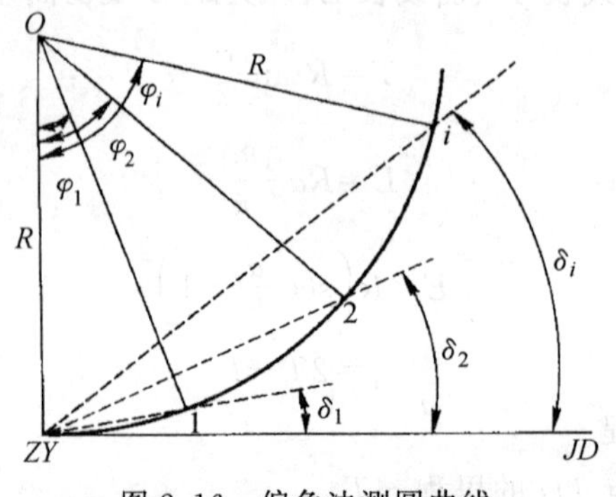

图 2.16　偏角法测圆曲线

(3) 转动照准部,使水平度盘读数为 δ_1,自 ZY 点起沿视线方向测设弦长 c 得 1 点,并用木桩和小钉临时标志;

(4) 继续转动照准部,使水平度盘读数为 δ_2,从 1 点开始量弦长 c,与视线方向相交得 2 点,并用木桩和小钉临时标志;

(5) 同法放出其他点,直到 QZ 点;

(6) 测定放样闭合差,闭合差一般不应超过如下规定:

横向误差(半径方向)不超过±0.1m;

纵向误差(切线方向)不超过 $L/1000$ (L 为曲线总长)。

(7) 在闭合差符合要求时,根据各点距 ZY(或 YZ)的距离,按与此距离的比例关系调整点位,并用木桩最终标定。

六、注意事项

(1) 如果曲线的半径较大(一般认为大于 300m),细部上等分的弧长较短,用弦长代替弧长的误差很小,可以忽略不计,放样时可用弦长代替弧长,不必进行弦弧差的改正。

(2) 如果曲线较长,为了缩短视线长度,提高测设精度,可从 ZY 点和 YZ 点分别向 QZ 点测设,在 QZ 点处进行检核,闭合差符合规定时再进行调整。

实训报告十六　圆曲线的测设(偏角法)

1. 圆曲线要素的计算

$T=$　　　　　　　　$L=$

$E=$　　　　　　　　$q=$

2. 主点里程的计算

交点 JD 的里程

$-T$)

=起点 ZY 的里程

$+L/2$)

=中点 QZ 的里程

$+L/2$)

=终点 YZ 的里程

检验：

交点 JD 的里程

$+T$)

$-q$)

=终点 YZ 的里程

3. 偏角法细部点测设数据计算表

曲线桩号	相邻桩点间弧长(m)	偏角值(° ′ ″)	相邻桩点间弦长(m)

实训十七　圆曲线的测设(切线支距法)

一、实训目的

(1) 掌握圆曲线要素的计算方法；
(2) 掌握圆曲线三主点的测设方法；
(3) 掌握用切线支距法测设圆曲线细部的方法。

二、实训仪器和工具

全站仪1台套，棱镜1台套，木桩和小钉各10个，标杆3根，铅笔、计算器(自备)。

三、实训任务

(1) 计算曲线要素：切线长 T 、曲线长 L、外矢距 E 及切曲差 q；
(2) 计算曲线三主点的里程；
(3) 计算细部点的坐标值；
(4) 测设圆曲线的三主点；
(5) 用切线支距法测设圆曲线的细部。

四、实训组织和学时

每组4人，配合操作，共同完成，课内2学时。

五、实训方法和步骤

(本实训要求只放出圆曲线的一半)

1. 测设圆曲线的三主点(方法同实训十四)

2. 切线支距法测设圆曲线的细部

(1) 计算细部点的坐标值：

$$\left.\begin{aligned} x_i &= R\sin\varphi_i \\ y_i &= R(1-\cos\varphi_i) \end{aligned}\right\}$$

弦弧差：

$$\Delta = c - l = -\frac{l^3}{24R^2}$$

(2) 如图2.17所示，在 ZY 点安置全站仪，瞄准 JD 点，沿视线方向以 ZY 点为起点测设横坐标 x_i 得垂足 N_i。

(3) 在各垂足点 N_i 安置经纬仪，定出直角方向，并沿此方向测设纵坐标 y_i，即得各细部点 P_i。一直测设到曲线中点 QZ，并用木桩临时标定各点(另一半曲线可由 YZ 点开始测设)。

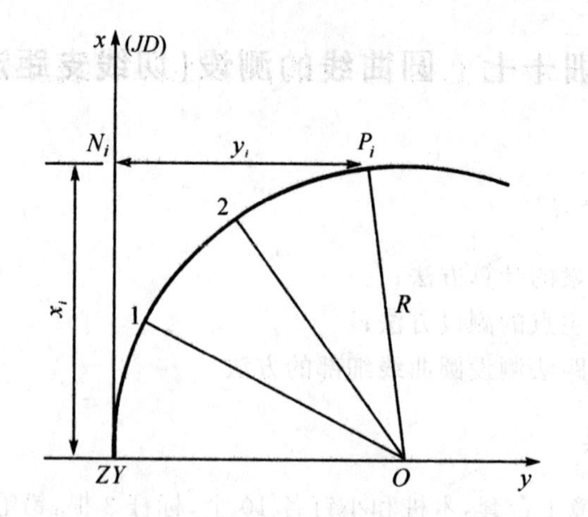

图 2.17 切线支距法测设圆曲线的细部点

(4) 测定放样闭合差,闭合差一般不应超过如下规定:

横向误差(半径方向)不超过±0.1m;

纵向误差(切线方向)不超过 $L/1000$ (L 为曲线总长)。

(5) 在闭合差符合要求时,根据各点距 ZY(或 YZ)的距离,按与此距离的比例关系调整点位,并用木桩最终标定。

六、注意事项

(1) 测设仪器也可用经纬仪配合钢尺进行;

(2) 如果曲线的半径较大(一般认为大于 300m),则细部上等分的弧长较短,用弦长代替弧长的误差很小,可以忽略不计,放样时可用弦长代替弧长,不必进行弦弧差的改正。

实训报告十七　圆曲线的测设(切线支距法)

1. 圆曲线要素的计算

$T=$　　　　　　　　$L=$

$E=$　　　　　　　　$q=$

2. 主点里程的计算

交点 JD 的里程

$-T$) ____________________

= 起点 ZY 的里程

$+L/2$) ____________________

= 中点 QZ 的里程

$+L/2$) ____________________

=终点 YZ 的里程

检验：

交点 JD 的里程

$+T$) ____________________

$-q$) ____________________

=终点 YZ 的里程

3. 细部点放样数据的计算

点　名	曲线长	里　程	坐标值		备　注
			x	y	

实训十八　管道中线及纵横断面测量

一、实训目的

(1) 掌握管道主点及中桩测设的过程和方法；
(2) 掌握管线转向角的测量方法；
(3) 掌握管线纵断面测量的过程和方法；
(4) 掌握管线纵断面图的绘制方法；
(5) 掌握管线横断面图的测量过程和方法；
(6) 掌握管线横断面图的绘制方法。

二、实训仪器和工具

水准仪 1 台套，DJ6 型经纬仪 1 台套，水准尺 2 根，花杆 2 根，钢尺 1 把，标杆 3 根，木桩若干，小锤 1 个，铅笔、计算器(自备)。

三、实训任务

(1) 管道中线和转向角测量；
(2) 管线纵断面测量和纵断面图的绘制；
(3) 管线横断面测量和横断面图的绘制。

四、实训组织和学时

每组 4 人，配合操作，共同完成，课内 4 学时。

五、实训方法和步骤

1. 管道中线和转向角测量

(1) 在地面选定总长度约为 300m 的 A、B、C 三点，各打一木桩，分别作为管道的起点、转向点和终点。

(2) 从管道的起点 A(桩号为 0+000)开始，沿中线每隔 20m 测设一整桩，在路口、坡度变化处或遇重要地物处测设加桩。中桩以木桩、小钉标志，用红油漆将各中桩(里程桩)的桩号(0+020，0+040，…)分别写在木桩的侧面。

(3) 在转向点 B 处安置经纬仪，用测回法观测转向角一个测回，半测回较差不得大于 $\pm 40''$。

2. 管线纵断面测量及纵断面图的绘制

(1) 设距管线起点最近的一已知水准点 M，距管线终点最近的一已知水准点 N。
(2) 分别以 0+000，0+100，0+200 及管线终点为转点，其余中桩为间视点，在 MN 之间作附合水准路线，M、N 及转点读数至毫米，间视点读数至厘米，记入观测手簿。

(3) 用高差法计算转点的高程，用视线高法计算间视点的高程。

(4) 计算高差闭合差，高差闭合差允许值为 $40\sqrt{L}$mm 或 $12\sqrt{n}$mm。若闭合差超限，则应检查原因，重新观测。

3. 纵断面图的绘制

(1) 纵断面图通常绘制在毫米方格纸上，以里程为横坐标、中桩点的高程为纵坐标展点，连接相邻点即得纵断面图。为了表示出地面的高低起伏情况，高程比例尺一般为水平比例尺的 10 倍或 20 倍。

(2) 根据设计要求，在纵断面图上绘出管道设计线，在坡度栏内注明管道坡度的方向、大小及其对应的水平距离。

(3) 根据管线起点的管底设计标高、各段管道的设计坡度和相应段的中桩平距，计算出各桩点处的管底设计标高。

(4) 根据管底设计高程计算各桩点处的挖深(埋设深度)。埋深等于地面高程减去管底高程。

4. 管道横断面测量及横断面图的绘制

管道横断面测量可与管道纵断面测量同时进行，分别记录。

(1) 将所要观测的横断面的中线桩的桩号、高程记入手簿。

(2) 量出横断面上地形变化点至中线桩的距离并注明点位在中线的左、右位置。

(3) 用纵断面水准测量时的水平视线分别读取横断面上各点水准尺上的中丝读数，用视线高程分别减去各点中丝读数得横断面上各点的高程。

(4) 根据所测的各里程桩和加桩处中线两侧地面上地形变化点至管道中线的距离和高差，绘制成管道横断面图。绘图比例尺一般用 1∶100。

六、注意事项

为避免中桩量距错误，一般用钢尺丈量两次，或用全站仪测距。

实训报告十八　管道中线及纵横断面测量

1. 管道转向角观测手簿

<table>
<tr><th>测　站</th><th>竖盘位置</th><th>目　标</th><th>水平度盘读数
°　′　″</th><th>半测回角值
°　′　″</th><th>一测回角值
°　′　″</th><th>各测回平均值
°　′　″</th><th>备　注</th></tr>
<tr><td rowspan="4">O</td><td rowspan="2">左</td><td></td><td></td><td rowspan="2"></td><td rowspan="4"></td><td rowspan="4"></td><td rowspan="4"></td></tr>
<tr><td></td><td></td></tr>
<tr><td rowspan="2">右</td><td></td><td></td><td rowspan="2"></td></tr>
<tr><td></td><td></td></tr>
</table>

2. 管道纵断面水准测量

测　站	桩　号	后视读数（m）	间视读数（m）	前视读数（m）	视线高程（m）	桩点高程（m）	备　注

3. 管道横断面水准测量

测　站	桩　号	后视读数（m）	间视读数（m）	前视读数（m）	视线高程（m）	桩点高程（m）	备　注

实训十九　民用建筑物定位测量

一、实训目的

掌握民用建筑物定位测量的基本方法。

二、实训仪器和工具

DJ6 型经纬仪 1 台套，50m 钢尺 1 把，标杆 3 根，木桩和小钉若干，铅笔、计算器（自备）。

三、实训任务

根据给定的设计图测设建筑物的轴线。

四、实训组织和学时

每组 4 人，配合操作，共同完成，课内 2 学时。

五、实训方法和步骤

图 2.18 中，该场地上已布置好一个“五点十字形”，*AB* 与 *CD* 构成一“十”字形建筑基线，交于 *O* 点。要求将设计在此场地区域内的某拟建建筑物的定位轴线测设并标定在地面上。矩形建筑物 *MNQP* 与建筑基线关系如图 2.18 所示，具体放线方法如下：

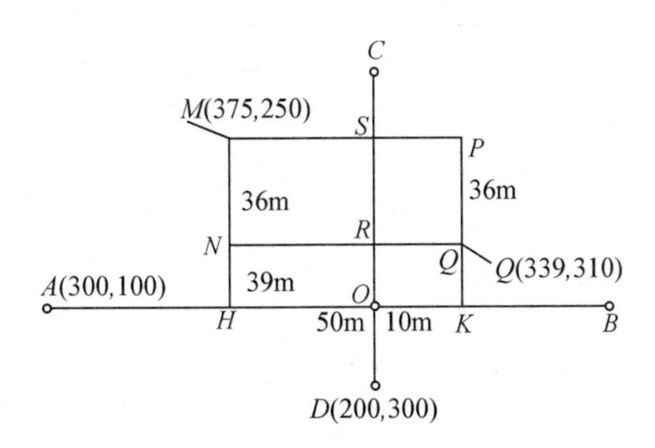

图 2.18　建筑基线关系

1. 测定 *H*、*K* 点

在建筑基线 *AB* 上，通过钢尺精密量距测设出 *OH*、*OK* 长分别为 50m、10m。要求进行两次测设，尺“0”点对准同一起始点，两次误差不得超过 3mm。复查要求往返测量，复查平均值与测设值差的相对误差不得低于 1/5000 的精度要求，且应检校 *HK* 的距离（60m）。

2. 测设 *M*、*N* 点

在 *H* 点安置经纬仪，后视 *B* 点，按照测设已知水平角方向边的方法测设一方向，使其与 *HB* 的夹角等于 90°；然后在测设出的方向线上依次测设出 *N* 和 *M*，使其间距分别为 *HN*=39m，*NM*=36m。其测设精度必须满足要求，即其精度满足角度偏差不得超过±20″，距离偏差的相对误差不得超过 1/5000。

3. 测设 *P*、*Q* 点

按照相同的测设步骤在 *K* 点安置经纬仪，测设出 *Q*、*P* 两点。其精度也要满足上述要求。

4. 检核

对测设的建筑物定位轴线点进行检核，分别进行直角测量和距离测量，即用经纬仪采用测回法，在 *N* 和 *Q* 点测量建筑物边线间的夹角，其与 90°的偏差不得超过±20″，然后量取各段边长，其与设计值的偏差的相对误差不得低于 1/5000。若未达到精度要求，必须予以调整，直到达到标准为止。最终在测设的定位轴线点上钉木桩，并钉上小钉以标示其位置。

六、注意事项

(1) 已知水平角方向边测设好后，一定要注意检核和复查；

(2) 测设好后，务必进行检核，达到精度要求方可打上木桩和小钉。

第三部分　土木工程测量综合实习指导

土木工程测量综合实习是《土木工程测量》课程的一个重要教学环节，是根据《土木工程测量》教学大纲的要求，在课堂教学结束后集中进行的实践性教学，是各项课间实训的综合应用，它对巩固和加深学生对课堂所学知识的理解，培养学生在测量方面的动手能力和实际工作能力，具有十分重要的意义。

一、综合实习的目的与任务

1. 综合实习的目的

(1) 使学生系统地掌握课堂理论知识和实践操作技能；

(2) 通过实习，使学生熟练地掌握水准仪、经纬仪等测量仪器的操作使用和保养方法；

(3) 熟练地掌握小区域平面控制和高程控制的布设及测算方法，掌握大比例尺地形图的测绘方法；

(4) 会用地形图，能根据工程建设的具体情况进行建筑物的施工放样；

(5) 掌握横断面的测绘方法以及横断面图的绘制方法，掌握土方量的估算方法；

(6) 提高学生的动手能力和分析问题、解决问题的综合能力；

(7) 培养学生热爱专业、热爱集体和艰苦奋斗的精神，逐步形成严谨求实、团结合作的工作作风和吃苦耐劳的劳动态度。

2. 综合实习的任务

(1) 平面控制测量：每个实习小组完成一条约 1km 长的图根导线测量；

(2) 高程控制测量：每个实习小组完成一条约 1km 长的闭合(或附合)四等水准路线测量；

(3) 地形图的测绘：每个实习小组完成一幅(30cm×30cm)1∶500 地形图的测绘；

(4) 工程测量：每个小组完成在地形图上设计一栋建筑物，并把这栋建筑物根据设计要求测设到地面，进行施工放线等实习；

(5) 断面测量：每人完成一条横断面测量，并绘出横断面图和设计横断面，进行填、挖方量的估算。

二、综合实习的仪器和工具

1. 各组领取的测量仪器和工具

DJ6 型经纬仪 1 台套，DS3 型水准仪 1 台套，水准尺 1 对，50m 钢卷尺 1 把，测图板 1

块,《地形图图示》1 本,量角器 1 个,卡规 1 个,复式比例尺 1 个,木桩若干,小锤 1 把,测伞 1 把,记录包 1 个,记录夹 1 个。

2. 各组自备的测量仪器和工具

自备函数计算器 1 个,2H(或 3H)和 4H 铅笔各 1 支,1∶500 聚酯薄膜绘图纸 1 幅(可购买),橡皮 1 块,小刀 1 把,水准测量观测手簿、角度测量观测手簿、距离测量观测手簿、碎部测量观测手簿各 1 本。

三、综合实习的计划安排和组织纪律

1. 综合实习的计划

<table>
<tr><th>序 号</th><th colspan="2">实习项目</th><th>实习内容</th><th>时间安排/天</th></tr>
<tr><td rowspan="2">1</td><td colspan="2" rowspan="2">实习准备</td><td>领取仪器并检验校正</td><td>0.5</td></tr>
<tr><td>踏勘选点、埋桩编号</td><td>0.5</td></tr>
<tr><td rowspan="3">2</td><td rowspan="3">图根控制测量</td><td>高程控制</td><td>四等水准测量</td><td>2</td></tr>
<tr><td rowspan="2">平面控制</td><td>图根导线测量</td><td rowspan="2">3.5</td></tr>
<tr><td>控制测量成果计算与图纸准备</td></tr>
<tr><td rowspan="2">3</td><td rowspan="2">地形图测绘</td><td>展绘控制点</td><td>经纬仪测图</td><td rowspan="2">3.5</td></tr>
<tr><td>碎部测量</td><td>地形图的拼接、检查与整饰</td></tr>
<tr><td rowspan="2">4</td><td colspan="2" rowspan="2">工程测量</td><td>点的平面位置与高程测设等相关的施工测量工作</td><td rowspan="2">3</td></tr>
<tr><td>断面测量、断面图绘制及方量计算</td></tr>
<tr><td>5</td><td colspan="2">实习考核、归还仪器、整理成果、编写实习报告、评定成绩</td><td></td><td>2</td></tr>
<tr><td>6</td><td colspan="2">合 计</td><td></td><td>15</td></tr>
</table>

注:上述安排以三周实习时间为准,如遇雨天或其他特殊情况,可适当调整实习内容和时间;如果实习时间更长,可适当增加施工测量的内容。

2. 综合实习的组织

测量综合实习的教学与组织管理由实习指导教师和各班班干部、实习小组长共同完成。

(1) 动员

实习指导教师按照实习大纲的要求制订实习计划,向学生讲明实习的重要性和必要性,介绍实习场地的情况,布置实习任务,提出实习要求,宣布实习的组织机构、分组名单和实习纪律,说明仪器设备的借用规章制度,指出实习注意事项,以保证实习的顺利进行。

(2) 实习组织

实习班级分成实习小组,每组 4～5 人,每组设正副组长,组长负责全组的实习分工安排及仪器管理,副组长负责资料管理。

3. 综合实习的纪律

(1) 学生在实习期间，要按时出工，不得无故不随小组出工。

(2) 实习要按本实习指导书的要求进行，提倡互相讨论，实事求是，严格按照《工程测量规范》进行，坚决杜绝弄虚作假的行为。

(3) 表格填写要齐全，书写字迹要工整，切忌潦草，外业记录应尽量不改。

(4) 爱护仪器设备。操作仪器工具要求方法正确，动作轻巧。实习时要集中精力，不得在仪器旁打闹，以防损坏仪器。实习中必须做到“仪器工具不离人”，以防发生丢失、摔损事故。当仪器工具发生故障时，学生不得随意自行处理，以免事故扩大，应当及时报告老师。

(5) 各小组之间要注意团结协作，组内要团结友爱、互帮互学，服从组长的分工安排，全组协同合作，按时完成实习任务，交出合格成果。

四、综合实习的内容与要求

1. 平面控制测量

图根平面控制测量一般采用闭合导线，导线点的个数在 10 个左右。导线点可用木桩，并钉上一个小钉，表示点位。在水泥地面上也可用红漆圈一圆圈，圆内点一小点或画一“十”字作为临时性标志。

(1) 踏勘选点：踏勘选点就是根据测图的目的和测区的地形情况，拟定导线的布置形式，实地选定导线点并设立标志。踏勘选点时应注意以下几点：

- 相邻点间要通视，方便测角和量边；
- 点位要选在土质坚实的地方，以便于保存点的标志和安置仪器；
- 导线点应选择周围地势开阔的地点，以便于测图时充分发挥控制点的作用；
- 导线边长要大致相等，以使测角的精度均匀；
- 导线点的数量要足够，密度要均匀，以便控制整个测区。

(2) 水平角观测：导线转折角用 DJ6 级经纬仪观测 2 个测回。限差要求为：仪器对中误差≤±3mm，目标偏心误差＝3mm，水平角测量半测回限差＝±40″，测回差＝±40″。

(3) 边长测量：导线边长可用经纬仪视距法测量，要求进行往返测量，往返测边长绝对误差不得超过 0.2m。符合要求时，取往返测边长的平均值作为导线边长。

(4) 起始方位角测定：导线起始方位角用罗盘仪测定。

(5) 导线成果计算：首先检核外业测量数据，在观测成果合格的情况下，进行闭合差调整，然后由起算数据(一个已知点坐标和一条已知边的坐标方位角)推算各控制点的坐标。

导线角度闭合差 $f_\beta=\pm 60''\sqrt{n}$(n 为角数)

导线全长点位相对闭合差 $K=1/2000$。

(6) 注意事项：照准目标要消除视差，观测水平角用纵丝照准目标，观测竖直角用横丝照准目标。

观测水平角时，照准部水准管气泡应居中，其偏离值不得超过 1 格。在同一测回中，不得调整气泡。如发现气泡偏离较大，应重新整平后再观测。一个测回观测过程中，不得触动度盘变换手轮。万一碰动，应重新观测该测回。

读取竖盘读数时,竖盘指标水准管气泡必须居中。

2. 高程控制测量

一般情况下,图根高程控制采用导线点作为高程控制点,构成闭合水准路线。

(1) 外业测量

外业测量用 DS3 级水准仪按四等水准测量的要求进行。观测限差及精度要求:视线长度=100m;前、后视距不等差 $d=3$m;前后视距累计差 $\sum d=10$m;同一尺中丝读数的(K+黑-红)=3mm;同一站黑红面测得高差数之差($h_{黑}-h_{红}$)=5mm;路线高度(中丝读数)应使三丝均能在尺上读数;水准路线高差闭合差允许值 $fh_{允}=\pm 6\sqrt{n}$mm(或$\pm 20\sqrt{L}$mm)。

(2) 内业计算

在外业观测成果检核符合要求后,根据一个已知点的高程和观测高程进行闭合水准路线的成果平差计算,推算出各个水准点的高程。

(3) 注意事项

读取中丝读数之前,必须使水准管气泡居中;水准尺要竖立,记录员要回报读数,经观测员认可后再记录,以免听错,记错。记录员要及时进行各项计算和校核项,发现有不合格的校核项,应立即告诉观测员重测;各项检核均合格时,才能通知观测员迁站。仪器迁站前进时,后尺前移,前尺垫不可碰动(否则应从最近水准点开始返工重测)。工作间歇一般在水准点上。

3. 地形图的测绘

(1) 图纸的准备

首先用对角线法绘制方格网(也可到测绘公司购买成品方格网),然后展绘控制点。展点后要做检查,用比例尺在图纸上量取相邻控制点之间的距离和实测距离相比较,其误差不得大于$\pm 0.3M$m(M为比例尺分母)。

(2) 碎部测量

碎部测量采用经纬仪配合量角器法,根据视距测量的原理,通过测量并计算出立尺点(地形特征点)与测站点间的水平距离和高差,按极坐标法将各立尺点展绘在图纸上并注明高程。

① 碎部点的选取原则:地物取其外形轮廓线转折点,地貌取其地形线上的坡度变化点。碎部点间隔要求图上 2～3cm 间隔一个点,即最大间距为 15m。

② 测图时的最大间距:地物点应小于 60m,地貌点应小于 100m,仪器高和觇标高至少要量到厘米,水平角和竖角测至 1′,水平距离算至 0.1m,高程算至 0.01m。

③ 地形测图时,应遵守《1∶500、1∶1000、1∶2000 比例尺地形图图示》中的有关规定。

④ 注意事项:

- 测图时,仪器对中误差不应大于图上的 $0.05M$mm(M为测图比例尺);
- 安置仪器时,以较远的控制点定向,较近的控制点进行检查;
- 每测十几个碎部点后,应做归零检查,用经纬仪重新瞄准定向点,检查水平读盘的读数是否为 0°00′00″,其归零差不得大于 4′;

● 测定地形点后，应在现场用内插法勾绘等高线，等高距为0.5m；

● 在平坦地区，条件允许时可采用经纬仪“平读法”。在测定碎部点至测站点的平距和碎部点高程时，采用方法为：经纬仪盘左，竖盘指标水准管气泡居中且竖盘读数为90°00′时，直接读出视距即为水平距离，读取中丝 v，则碎部点高程为：$H=H_i-v$。“平读法”的步骤为：瞄准标尺→读水平度盘读数→读平距→读中丝读数 v→计算 H。

(3) 地形图的拼接、检查、清绘与整饰

地形图的拼接可不作具体要求，地形图要进行室内检查和实地检查。实地检查一般用仪器设站采用散点法或断面法进行检查；地形图的清绘与整饰应按照先图内后图外、先注记后符号、先地物后地貌的次序进行。

4. 工程测量

根据实习时间的长短来决定实习内容，具体实习内容可参考课间实训十四至实训十九。

五、成果的整理与报告编写

实习过程中，所有外业观测的原始数据必须记录在规定的表格内，全部内业计算也应在规定的表格内进行。实习结束后应对成果资料进行整理，并装订成册，上交指导老师。

1. 小组应上交的成果和资料

(1) 1∶500比例尺地形图一幅；
(2) 四等水准测量记录表一份；
(3) 经纬仪视距导线记录表一份；
(4) 碎部测量观测手簿一份；
(5) 工程测量原始记录表一份。

2. 个人应上交的资料

(1) 闭合水准路线水准点高程计算表一份；
(2) 导线坐标计算表一份；
(3) 工程测量的计算成果一份；
(4) 个人实习体会一篇。

3. 实习报告书的编写

实习报告就是实习的技术总结，其内容必须真实，具体包括：
(1) 封面：实习名称、地点、起止日期、班组、编写人及指导教师姓名；
(2) 目录；
(3) 前言：说明实习目的、任务；
(4) 内容：阐述测量的顺序、方法、精度要求、计算成果及有关图示；
(5) 实习体会：介绍自己本次实习的收获、实习中遇到的问题及解决方法，对实习的意见和建议等；
(6) 其他实习资料(资料应编号)。

六、实习成绩评定

1. 评定依据

根据学生的思想表现、出勤情况、实习记录、小组人员的分工配合情况、对测量知识的掌握程度以及动手能力、分析和解决问题的能力、完成任务的质量、所交资料及仪器工具的爱护情况、实习报告的编写水平、仪器操作考核成绩等各种情况综合评定。

2. 评定方式

(1) 实习成绩的评定采用五级分制:优、良、中、及格、不及格。

(2) 实习成绩的评定程序:先评出小组实习成绩,小组内个人成绩以小组成绩为基础进行评定。

(3) 实习成绩的评定方法:组内个人成绩一般先由小组民主评议,实习指导教师综合个人实习中的表现、小组评议和上交资料质量,在小组成绩的基础上上下浮动一至两个档次进行最后评定。

(4) 凡有以下情况之一者均以不及格处理:缺勤天数超过实习天数的 1/3;实习中发生吵架事件;损坏仪器工具及其他公物;未上交成果和实习报告;伪造成果或抄袭他人成果;操作考核不及格。

附　　录

附录一　测量中常用的度量单位

测量中常用的度量单位有长度单位、面积单位和角度单位三种。我国的计量单位是国际单位制(IS),测量工作必须使用计量单位。

一、长度单位

长度单位的 IS 单位是“米”,以符号 m 表示。1983 年 10 月,第七届国际计量大会(法国巴黎)规定:米是光在真空中,在 1/299 792 485s 的时间间隔内运行距离的长度。测量中常用的长度单位还有千米(km)、分米(dm)、厘米(cm)、毫米(mm)。

1m＝10dm＝100cm＝1000mm

1km＝1000m

二、面积、体积单位

测量中面积的 IS 单位是平方米,符号为“m^2”。图上的面积一般用平方分米(dm^2)、平方厘米(cm^2)、平方毫米(mm^2)表示;较大的面积一般用公顷(ha)或平方公里(km^2)表示;我国农业上还用“市亩”作为计量单位。它们之间的换算关系是:

$1km^2 = 10^6 m^2 = 100ha$

$1ha = 10000m^2 =$ 15 市亩

1 市亩＝10 市分＝100 市厘＝$666.7m^2$

测量中的体积单位一般用“立方米”(m^3)表示,在工程上简称为“立方”或“方”。

三、角度单位

表示角度的 IS 单位是弧度,符号为 rad。测量上一般不直接以弧度为角度单位,而是以“度”(°)为角度单位。以度为角度单位时可以是十进制的度,也可按习惯以 60 进制的组合单位度(°)分(′)秒(″)表示。

度、分、秒不是 IS 单位,但属于我国的法定计量单位,它是测量中常用的角度单位。习惯上分别用 ρ°、ρ'、ρ''表示 1rad 对应的度、分、秒值。

$1rad = \rho^\circ = 180^\circ/\pi = 57.2958^\circ$

$1rad = \rho' = 180^\circ/\pi \times 60' = 3438'$

$1rad = \rho'' = 180^\circ/\pi \times 60' \times 60'' = 206265''$

附录二 常用测量仪器技术指标及用途

一、水准仪基本技术参数与用途(见表 4.1)

表 4.1 水准仪基本技术参数与用途

<table>
<tr><td colspan="3" rowspan="2">项 目</td><td colspan="4">等 级</td></tr>
<tr><td>DS0.5</td><td>DS1</td><td>DS3</td><td>DS10</td></tr>
<tr><td colspan="3">每公里往返高程偶然中误差不大于(mm/km)</td><td>±0.5</td><td>±1.0</td><td>±3.0</td><td>±10.0</td></tr>
<tr><td colspan="3">望远镜放大倍数不小于(倍)</td><td>42</td><td>38</td><td>28</td><td>20</td></tr>
<tr><td colspan="3">望远镜物镜有效孔径不小于(mm)</td><td>55</td><td>47</td><td>38</td><td>28</td></tr>
<tr><td rowspan="4">水准器分划值不大于</td><td rowspan="2">管状水准器(″)/2mm</td><td>符合式</td><td>10</td><td>10</td><td>10</td><td>10</td></tr>
<tr><td>普通式</td><td></td><td></td><td></td><td></td></tr>
<tr><td rowspan="2">粗水准器(′)/2mm</td><td>“十”字型式</td><td>3</td><td>3</td><td></td><td></td></tr>
<tr><td>圆水准器</td><td></td><td></td><td>8</td><td>8</td></tr>
<tr><td colspan="2" rowspan="2">自动安平补偿性能</td><td>补偿范围/(′)</td><td>±8</td><td>±8</td><td>±8</td><td>±10</td></tr>
<tr><td>安平精度/(″)</td><td></td><td>±0.2</td><td>±0.5</td><td>±2</td></tr>
<tr><td colspan="2" rowspan="2">测微器</td><td>测量范围(mm)</td><td>5</td><td>5</td><td></td><td></td></tr>
<tr><td>最小分划值(mm)</td><td>±0.05</td><td>±0.05</td><td></td><td></td></tr>
<tr><td colspan="3">主要用途</td><td>国家一等水准测量及精密工程测量</td><td>国家二等水准测量及其他精密工程测量</td><td>国家三、四等水准测量及一般工程测量</td><td>一般工程水准测量</td></tr>
<tr><td colspan="3">相应精度的常用仪器</td><td>K_{oni}002
Ni004
N_3
HB-2</td><td>K_{oni}007
Ni2
HA
DS_1</td><td>K_{oni}025
Ni030
NH_2
N_2
DZS_{3-1}
DS_{3-2}</td><td>N_{10}
Ni4
HC-2
GK_1
DS_{10}
DZS_{10}</td></tr>
</table>

二、经纬仪基本技术参数与用途(见表4.2)

表4.2　　经纬仪基本技术参数与用途

项　　目		等　　级				
		DJ0.7	DJ1	DJ2	DJ6	DJ15
水平方向测量一测回方向中误差不超过(″)		±0.7	±1.0	±2	±6	±15
望远镜放大倍数(倍)		30× 45× 55×	24× 30× 45×	28×	20×	20×
望远镜有效孔径(mm)		65	60	45	40	30
望远镜最短视距(m)		3	3	2	2	1
管状水准器分划值不大于(″)/2mm	水平度盘	4	6	20	30	60
	竖直度盘	10	10	20	30	30
竖直度盘指标自动补偿器	工作范围(′)			±2	±2	
	安平中误差(″)			±0.3	±1	
刻划直径	水平度盘(mm)	≥150	≥130	90	94	80
	竖直度盘(mm)	90	90	70	76	60
水平度盘最小格值		0.2″	0.2″	1″	1′	1′
主要用途		国家一等三角测量和天文测量	国家二等三角测量及精密工程测量	三、四等三角测量，等级导线测量及一般工程测量	大比例尺地形测量及一般工程测量	一般工程测量
相应精度的常用仪器		T4 TP_1 Theo003 TT2/6 DJ_{07-1}	T3 DKM3A NO03 OT-02 Theo002 DJ_1	T2 Theo01 DKM2 TH2 TOC ST200 DJ_2	T1 Theo020 Theo030 DKM1 TE-D_1 T16 TDJ_6-E DJ_6	T0 DK TH4 CJY-1 TE-E6

附录三　常用大比例尺地形图图式

编号	符号名称	图　例	编号	符号名称	图　例
1	坚固房屋 4-房屋层数	坚4　1.5	7	经济作物地	0.8　3.0　蔗　10.0　10.0
2	普通房屋 2-房屋层数	2　1.5	8	水生经济作物地	3.0　藕　0.5
3	窑洞 1. 住人的 2. 不住人的 3. 地面下的	1　2.5　2　2.0　3	9	水稻田	0.2　2.0　10.0　10.0
4	台　阶	0.5　0.5　0.5	10	旱　地	1.0　2.0　10.0　10.0
5	花　圃	1.5　1.5　10.0　10.0	11	灌木林	0.5　1.0
6	草　地	1.5　0.8　10.0　10.0	12	菜　地	2.0　2.0　10.0　10.0

续表

编号	符号名称	图例	编号	符号名称	图例
13	高压线	4.0	27	三角点 凤凰山—点名 394.468—高程	凤凰山 394.468 3.0
14	低压线	4.0			
15	电　杆	1.0	28	图根点 1. 埋石的 2. 不埋石的	1 2.0 N16 84.46 2 1.5 25 62.74 2.5
16	电线架				
17	砖、石及混凝土围墙	10.0 　 0.5 0.3 10.0	29	水准点	2.0 II京石5 32.804
18	土围墙	10.0 0.5			
19	栅栏、栏杆	1.0 10.0	30	旗　杆	1.5 1.0 4.0 1.0
20	篱　笆	1.0 10.0	31	水　塔	2.0 3.0 1.0 1.2
21	活树篱笆	3.5 0.5 10.0 1.0 0.8	32	烟　囱	3.5 1.0
22	沟渠 1. 有堤岸的 2. 一般的 3. 有沟堑的	1 2 0.3 3	33	气象站（台）	3.0 4.0 1.2
			34	消火栓	1.5 1.5 2.0
			35	阀　门	1.5 1.5 2.0
23	公　路	0.3 沥 砾 0.3	36	水龙头	3.5 2.0 1.2
24	简易公路	8.0 2.0	37	钻　孔	3.0 1.0
25	大车路	0.15 碎石 0.3	38	路　灯	1.5 1.0
26	小　路	4.0 1.0 0.3			

续表

编号	符号名称	图例	编号	符号名称	图例
39	独立树 1. 阔叶 2. 针叶	1.5 1 3.0 0.7 2 3.0 0.7	43	高程点 及其注记	0.5 163.2 75.4
40	岗亭、岗楼	90° 3.0 1.5	44	滑坡	
41	等高线 1. 首曲线 2. 计曲线 3. 间曲线	0.15 87 1 0.3 85 2 0.15 6.0 1.0 3	45	陡崖 1. 土质的 2. 石质的	1 2
42	示坡线	0.8	46	冲沟	

附录四 工程测量规范摘要

1 总 则

1.0.1 为了统一工程测量的技术要求,做到技术先进、经济合理,使工程测量产品满足质量可靠、安全适用的原则,特制定本规范。

1.0.2 本规范适用于工程建设领域的通用性测量工作。

1.0.3 本规范以中误差作为衡量测绘精度的标准,并以二倍中误差作为极限误差。对于精度要求较高的工程,可按附录 A 的方法评定观测精度。

注:本规范条文中的中误差、闭合差、限差及较差,除特别标明外,通常采用省略正负号表示。

1.0.4 工程测量作业所使用的仪器和相关设备,应做到及时检查校正,加强维护保养、定期检修。

1.0.5 对工程中所引用的测量成果资料,应进行检核。

1.0.6 各类工程的测量工作,除应符合本规范的规定外,还应符合国家现行有关标准的规定。

2 平面控制测量

2.1 一般规定

2.1.1 平面控制网的建立,可采用卫星定位测量、导线测量、三角形网测量等方法。

2.1.2 平面控制网精度等级的划分,卫星定位测量控制网依次为二、三、四等和一、二级,导线及导线网依次为三、四等和一、二、三级,三角形网依次为二、三、四等和一、二级。

2.1.3 平面控制网的布设,应遵循下列原则:

1.首级控制网的布设,应因地制宜,且适当考虑发展;当与国家坐标系统联测时,应同时考虑联测方案。

2. 首级控制网的等级,应根据工程规模、控制网的用途和精度要求合理确定。

3. 加密控制网,可越级布设或同等级扩展。

2.1.4 平面控制网的坐标系统,应在满足测区内投影长度变形不大于 2.5cm/km 的要求下,作下列选择:

1. 采用统一的高斯投影 3°带平面直角坐标系统。

2. 采用高斯投影 3°带,投影面为测区抵偿高程面或测区平均高程面的平面直角坐标系统;或采用任意带,投影面为 1985 国家高程基准面的平面直角坐标系统。

3.小测区或有特殊精度要求的控制网,可采用独立坐标系统。

4. 在已有平面控制网的地区,可沿用原有的坐标系统。

5. 厂区内可采用建筑坐标系统。

2.2 导线测量

（Ⅰ）导线测量的主要技术要求

2.2.1 各等级导线测量的主要技术要求，应符合表 2.2.1 的规定。

表 2.2.1 **导线测量的主要技术要求**

等级	导线长度(km)	平均边长(km)	测角中误差(″)	测距中误差(mm)	测距相对中误差	测回数			方位角闭合差(″)	导线全长相对闭合差
						1″级仪器	2″级仪器	6″级仪器		
三等	14	3	1.8	20	1/150000	6	10	—	$3.6\sqrt{n}$	≤1/55000
四等	9	1.5	2.5	18	1/80000	4	6	—	$5\sqrt{n}$	≤1/35000
一级	4	0.5	5	15	1/30000	—	2	4	$10\sqrt{n}$	≤1/15000
二级	2.4	0.25	8	15	1/14000	—	1	3	16	≤1/10000
三级	1.2	0.14	12	15	1/7000	—	1	2	$24\sqrt{n}$	≤1/5000

注：(1)表中 n 为测站数。

(2)当测区测图的最大比例尺为 1∶1000，一、二、三级导线的导线长度、平均边长可适当放长，但最大长度不应大于表中规定相应长度的 2 倍。

2.2.2 当导线平均边长较短时，应控制导线边数不超过表 2.2.1 相应等级导线长度和平均边长算得的边数；当导线长度小于表 2.2.1 规定长度的 1/3 时，导线全长的绝对闭合差不应大于 13cm。

2.2.3 导线网中，结点与结点、结点与高级点之间的导线段长度不应大于表 2.2.1 中相应等级规定长度的 0.7 倍。

（Ⅱ）导线网的设计、选点与埋石

2.2.4 导线网的布设应符合下列规定：

1. 导线网用作测区的首级控制时，应布设成环形网，且宜联测 2 个已知方向。

2. 加密网可采用单一附合导线或结点导线网形式。

3. 结点间或结点与已知点间的导线段宜布设成直伸形状，相邻边长不宜相差过大，网内不同环节上的点也不宜相距过近。

2.2.5 导线点位的选定，应符合下列规定：

1. 点位应选在土质坚实、稳固可靠、便于保存的地方，视野应相对开阔，便于加密、扩展和寻找。

2. 相邻点之间应通视良好，其视线距障碍物的距离，三、四等不宜小于 1.5m；四等以下宜保证便于观测，以不受旁折光的影响为原则。

3. 当采用电磁波测距时，相邻点之间视线应避开烟囱、散热塔、散热池等发热体及强电磁场。

4. 相邻两点之间的视线倾角不宜过大。

5. 充分利用旧有控制点。

2.2.6 导线点的埋石应符合有关规定。三、四等点应绘制点之记，其他控制点可视需要而定。

（Ⅲ）水平角观测

2.2.7 水平角观测所使用的全站仪、电子经纬仪和光学经纬仪，应符合下列相关规定：

1. 照准部旋转轴正确性指标：管水准器气泡或电子水准器长气泡在各位置的读数较差，1″级仪器不应超过 2 格，2″级仪器不应超过 1 格，6″级仪器不应超过 1.5 格。

2. 光学经纬仪的测微器行差及隙动差指标：1″级仪器不应大于 1″，2″级仪器不应大于 2″。

3. 水平轴不垂直于垂直轴之差指标：1″级仪器不应超过 10″，2″级仪器不应超过 15″，6″级仪器不应超过 20″。

4. 补偿器的补偿要求：在仪器补偿器的补偿区间，对观测成果应能进行有效补偿。

5. 垂直微动旋转使用时，视准轴在水平方向上不产生偏移。

6. 仪器的基座在照准部旋转时的位移指标：1″级仪器不应超过 0.3″，2″级仪器不应超过 1″，6″级仪器不应超过 1.5″。

7. 光学（或激光）对中器的视轴（或射线）与竖轴的重合度不应大于 1mm。

2.2.8 水平角观测宜采用方向观测法，并符合下列规定：

1. 方向观测法的技术要求，不应超过表 2.2.8 的规定。

表 2.2.8　**水平角方向观测法的技术要求**

等级	仪器精度等级	光学测微器两次重合读数之差(″)	半测回归零差(″)	一测回内 2C 互差(″)	同一方向值各测回较差(″)
四等及以上	1″级仪器	1	6	9	6
	2″级仪器	3	8	13	9
一级及以下	2″级仪器	—	12	18	12
	6″级仪器	—	18	—	24

注：(1)全站仪、电子经纬仪水平角观测时不受光学测微器两次重合读数之差指标的限制。

(2)当观测方向的垂直角超过±3°的范围时，该方向 2C 互差可按相邻测回同方向进行比较，其值应满足表十一测回内 2C 互差的限值。

2. 当观测方向不多于 3 个时，可不归零。

3. 当观测方向多于 6 个时，可进行分组观测。分组观测应包括两个共同方向（其中一个为共同零方向）。其两组观测角之差，不应大于同等级测角中误差的 2 倍。分组观测的最后结果，应按等权分组观测进行测站平差。

4. 各测回间应配置度盘。度盘配置应符合有关规定。

5. 水平角的观测值应取各测回的平均数作为测站成果。

2.2.9 三、四等导线的水平角观测，当测站只有两个方向时，应在观测总测回中以奇数测回的度盘位置观测导线前进方向的左角，以偶数测回的度盘位置观测导线前进方向的右角。左右角的测回数为总测回数的一半。但在观测右角时，应以左角起始方向为准变换度盘位置，也可用起始方向的度盘位置加上左角的概值在前进方向配置度盘。左角平均值与右角平均值之和与360°之差，不应大于本规范表2.2.1中相应等级导线测角中误差的2倍。

2.2.10 水平角观测的测站作业，应符合下列规定：

1.仪器或反光镜的对中误差不应大于2mm。

2.水平角观测过程中，气泡中心位置偏离整置中心不宜超过1格。四等及以上等级的水平角观测，当观测方向的垂直角超过±3°的范围时，宜在测回间重新整置气泡位置。有垂直轴补偿器的仪器，可不受此限制。

3.如受外界因素(如震动)的影响，仪器的补偿器无法正常工作或超出补偿器的补偿范围时，应停止观测。

4.当测站或照准目标偏心时，应在水平角观测前或观测后测定归心元素。测定时，投影示误三角形的最长边，对于标石、仪器中心的投影不应大于5mm，对于照准标志中心的投影不应大于10mm。投影完毕后，除标石中心外，其他各投影中心均应描绘两个观测方向。角度元素应量至15′，长度元素应量至1mm。

2.2.11 水平角观测误差超限时，应在原来度盘位置上重测，并应符合下列规定：

1.一测回内2C互差或同一方向值各测回较差超限时，应重测超限方向，并联测零方向。

2.下半测回归零差或零方向的2C互差超限时，应重测该测回。

3.若一测回中重测方向数超过总方向数的1/3时，应重测该测回。当重测的测回数超过总测回数的1/3时，应重测该站。

2.2.12 首级控制网所联测的已知方向的水平角观测，应按首级网相应等级的规定执行。

2.2.13 每日观测结束，应对外业记录手簿进行检查，当使用电子记录时，应保存原始观测数据，打印输出相关数据和预先设置的各项限差。

(Ⅳ)距离测量

2.2.14 一级及以上等级控制网的边长，应采用中、短程全站仪或电磁波测距仪测距，一级以下也可采用普通钢尺量距。

2.2.15 本规范对中、短程测距仪器的划分，短程为3km以下，中程为3～15km。

2.2.16 测距仪器的标称精度，按(2.2.16)式表示：

$$m_D = a + b \times D \tag{2.2.16}$$

式中：m_D——测距中误差(mm)；a——标称精度中的固定误差(mm)；b——标称精度中的比例误差系数(mm/km)；D——测距长度(km)。

2.2.17 测距仪器及相关的气象仪表，应及时校验。当在高海拔地区使用空盒气压表时，宜送当地气象台(站)校准。

2.2.18 各等级控制网边长测距的主要技术要求，应符合表2.2.18的规定。

表 2.2.18　**测距的主要技术要求**

平面控制网等级	仪器精度等级	每边测回数		一测回读数较差(mm)	单程各测回较差(mm)	往返测距较差(mm)
		往	返			
三等	5mm 级仪器	3	3	≤5	≤7	≤2(*a*+*b*×*D*)
	10mm 级仪器	4	4	≤10	≤15	
四等	5mm 级仪器	2	2	≤5	≤7	
	10mm 级仪器	3	3	≤10	≤15	
一级	10mm 级仪器	2	—	≤10	≤15	—
二级	10mm 级仪器	1	—	≤10	≤15	

注:(1)测回是指照准目标一次,读数 2～4 次的过程。

(2)困难情况下,边长测距可采取不同时间段测量代替往返观测。

2.2.19 测距作业,应符合下列规定:

1.测站对中误差和反光镜对中误差不应大于 2mm。

2.当观测数据超限时,应重测整个测回,如观测数据出现分群时,应分析原因,采取相应措施重新观测。

3.四等及以上等级控制网的边长测量,应分别量取两端点观测始末的气象数据,计算时应取平均值。

4.测量气象元素的温度计宜采用通风干湿温度计,气压表宜选用高原型空盒气压表;读数前应将温度计悬挂在离开地面和人体 1.5m 以外阳光不能直射的地方,其读数精确至 0.2℃;气压表应置平,指针不应滞阻,且读数精确至 50Pa。

5.当测距边用电磁波测距三角高程测量方法测定的高差进行修正时,垂直角的观测和对向观测高差较差要求,可按本规范五等电磁波测距三角高程测量的有关规定放宽 1 倍执行。

2.2.20 每日观测结束,应对外业记录进行检查。当使用电子记录时,应保存原始观测数据,打印输出相关数据和预先设置的各项限差。

2.2.21 普通钢尺量距的主要技术要求,应符合表 2.2.21 的规定。

表 2.2.21　**普通钢尺量距的主要技术要求**

等　级	边长量距较差相对误差	作业尺数	量距总次数	定线最大偏差(mm)	尺段高差较差(mm)	读数次数	估读值至(mm)	温度读数值至(℃)	同尺各次或同段各尺的较差(mm)
二级	1/20000	1～2	2	50	≤10	3	0.5	0.5	≤2
三级	1/10000	1～2	2	70	≤10	2	0.5	0.5	≤3

注:(1)量距边长应进行温度、坡度和尺长改正;

(2)当检定钢尺时,其丈量的相对误差不应大于 1/100000。

3 高程控制测量

3.1 一般规定

3.1.1 高程控制测量精度等级的划分,依次为二、三、四、五等。各等级高程控制宜采用水准测量,四等及以下等级可采用电磁波测距三角高程测量,五等也可采用 GPS 拟合高程测量。

3.1.2 首级高程控制网的等级,应根据工程规模、控制网的用途和精度要求合理选择。首级网应布设成环形网,加密网宜布设成附合路线或结点网。

3.1.3 测区的高程系统,宜采用 1985 国家高程基准。在已有高程控制网的地区测量时可沿用原有的高程系统;当小测区联测有困难时,也可采用假定高程系统。

3.1.4 高程控制点间的距离,一般地区应为 1～3km,工业厂区、城镇建筑区宜小于 1km。但一个测区及周围至少应有 3 个高程控制点。

3.2 水准测量

3.2.1 水准测量的主要技术要求,应符合表 3.2.1 的规定。

表 3.2.1 **水准测量的主要技术要求**

等级	每千米高差全中误差(mm)	路线长度(km)	水准仪型号	水准尺	观测次数		往返较差、附合或环线闭合差	
					与已知点联测	附合或环线	平地/mm	山地/mm
二等	2	—	DS1	因瓦	往返各一次	往返各一次	$4\sqrt{L}$	—
三等	6	≤50	DS1	因瓦	往返各一次	往一次	$12\sqrt{L}$	$4\sqrt{n}$
			DS3	双面	往返各一次	往返各一次		
四等	10	≤16	DS3	双面	往返各一次	往一次	$20\sqrt{L}$	$6\sqrt{L}$
五等	15		DS3	单面	往返各一次	往一次	$30\sqrt{L}$	—

注:(1) 结点之间或结点与高级点之间,其路线长度不应大于表中规定的 0.7 倍;

(2) L 为往返测段中附合或环线的水准路线长度(km),n 为测站数;

(3) 数字水准仪的技术要求和同等级的光学水准仪相同。

3.2.2 水准测量所使用的仪器及水准尺,应符合下列规定:

1. 水准仪视准轴与水准管轴的夹角 i,DS1 型不应超过 15″;DS3 型不应超过 20″。
2. 补偿式自动安平水准仪的补偿误差 Δa 对于二等水准不应超过 0.2″,三等不应超过 0.5″。

3. 水准尺上的米间隔平均长与名义长之差，对于因瓦水准尺，不应超过 0.15mm；对于条形码尺，不应超过 0.10mm；对于木质双面水准尺，不应超过 0.5mm。

3.2.3 水准点的布设与埋石，除满足 3.1.4 条外，还应符合下列规定：

1. 应将点位选在土质坚实、稳固可靠的地方或稳定的建筑物上，且便于寻找、保存和引测；当采用数字水准仪作业时，水准路线还应避开电磁场的干扰。

2. 宜采用水准标石，也可采用墙水准点。标志及标石的埋设应符合有关规定。

3. 埋设完成后，二、三等点应绘制点之记，其他控制点可视需要而定。必要时还应设置指示桩。

3.2.4 水准观测，应在标石埋设稳定后进行。各等级水准观测的主要技术要求，应符合表 3.2.4 的规定。

表 3.2.4　**水准观测的主要技术要求**

<table>
<tr><th>等　级</th><th>水准仪型号</th><th>视线长度（m）</th><th>前后视距差（m）</th><th>前后视距累积差（m）</th><th>视线离地面最低高度（m）</th><th>基辅分划或黑红面读数差较差（mm）</th><th>基辅分划或黑红面所测高差之差较差（mm）</th></tr>
<tr><td>二等</td><td>DS1</td><td>50</td><td>1</td><td>3</td><td>0.5</td><td>0.5</td><td>0.7</td></tr>
<tr><td rowspan="2">三</td><td>DS1</td><td>100</td><td rowspan="2">3</td><td rowspan="2">6</td><td rowspan="2">0.3</td><td>1.0</td><td>1.5</td></tr>
<tr><td>DS3</td><td>75</td><td>2.0</td><td>3.0</td></tr>
<tr><td>四</td><td>DS3</td><td>100</td><td>5</td><td>10</td><td>0.2</td><td>3.0</td><td>5.0</td></tr>
<tr><td>五</td><td>DS3</td><td>100</td><td>近似相等</td><td>—</td><td>—</td><td>—</td><td>—</td></tr>
</table>

注：(1) 二等水准视线长度小于 20m 时，其视线高度不应低于 0.3m；

(2) 三、四等水准采用变动仪器高度观测单面水准尺时，所测两次高差较差应与黑面、红面所测高差之差的要求相同；

(3) 数字水准仪观测不受基、辅分划或黑、红面读数较差指标的限制，但测站两次观测的高差较差，应满足表中相应等级基、辅分划或黑、红面所测高差较差的限制。

3.2.5 两次观测高差较差超限时应重测。重测后，对于二等水准应选取两次异向观测的合格结果，其他等级则应将重测结果与原测结果分别比较，较差均不超过限值时，取三次结果的平均数。

3.2.6 当水准路线需要跨越江河（湖塘、宽沟、洼地、山谷等）时，应符合下列规定：

1. 水准作业场地应选在跨越距离较短、土质坚硬、密实便于观测的地方；标尺点须设立木桩。

2. 两岸测站和立尺点应对称布设。当跨越距离小于 200m 时，可采用单线过河；大于 200m 时，应采用双线过河并组成四边形闭合环。往返较差、环线闭合差应符合表 3.2.1 的规定。

3. 水准观测的主要技术要求，应符合表 3.2.6 的规定。

表 3.2.6　　　　跨河水准测量的主要技术要求

跨河距离(m)	观测次数	单程测回数	半测回远尺读数次数	测回差		
				三等	四等	五等
≤200	往返各一次	1	2	—	—	—
200～400	往返各一次	2	3	8	12	25

注:(1)一测回的观测顺序,先读近尺,再读远尺,仪器搬至对岸后,不动焦距,先读远尺,再读近尺;

(2)当采用双向观测时,两条跨河视线长度宜相等,两岸岸上长度宜相等,并大于 10m,当采用单向观测时,可分别在上午、下午各完成半数工作量。

4.当跨越距离小于 200m 时,也可采用在测站上变换仪器高度的方法进行,两次观测高差较差不应超过 7mm,取其平均值作为观测高差。

3.2.7 水准测量的数据处理,应符合下列规定:

1.当每条水准路线分测段施测时,应按(3.2.7-1)式计算每千米水准测量的高差偶然中误差,其绝对值不应超过表 3.2.1 中相应等级每千米高差全中误差的 1/2。

$$M_{\Delta}=\sqrt{\frac{1}{4N}\left[\frac{\Delta\Delta}{L}\right]} \quad (3.2.7\text{-}1)$$

式中:M_{Δ}—高差偶然中误差,mm;

Δ—水准路线测段往返高差不符值,mm;

L—水准测段长度,km;

N—往返测的水准路线测段数。

2.水准测量结束后,应按(3.2.7-2)式计算每千米水准测量高差全中误差,其绝对值不应超过本章表 3.2.1 中相应等级的规定。

$$M_{W}=\sqrt{\frac{1}{N}\left[\frac{WW}{L}\right]} \quad (3.2.7\text{-}2)$$

式中:M_W—高差全中误差,mm;

W—附合或环线闭合差,mm;

L—计算各 W 时相应的路线长度,km;

N—附合路线和闭合环的总个数。

3.当二、三等水准测量与国家水准点附合时,高山地区除应进行正常水准面不平行修正外,还应进行其重力异常的归算修正。

4.各等级水准网,应按最小二乘法进行平差并计算每千米高差全中误差。

5.高程成果的取值,二等水准应精确至 0.1mm,三、四、五等水准应精确至 1mm。

3.3　电磁波测距三角高程测量

3.3.1 电磁波测距三角高程测量,宜在平面控制点的基础上布设成三角高程网或高程导线。

3.3.2 电磁波测距三角高程测量的主要技术要求,应符合表 3.3.2 的规定。

表 3.3.2　　电磁波测距三角高程测量的主要技术要求

等级	每千米高差全中误差(mm)	边长(km)	观测方式	对向观测高差较差(mm)	附合或环形闭合差(mm)
四等	10	≤1	对向观测	$40\sqrt{D}$	$20\sqrt{\sum D}$
五等	15	≤1	对向观测	$60\sqrt{D}$	$30\sqrt{\sum D}$

注:(1) D为测距边的长度(km);

(2) 起讫点的精度等级,四等应起讫于不低于三等水准的高程点上,五等应起讫于不低于四等水准的高程点上;

(3) 路线长度不应超过相应等级水准路线的长度限值。

3.3.3 电磁波测距三角高程观测的主要技术要求,应符合表 3.3.3 的规定。

表 3.3.3　　电磁波测距三角高程观测的主要技术要求

等级	垂直角观测				边长测量	
	仪器精度等级	测回数	指标差较差(″)	测回较差(″)	仪器精度等级	观测次数
四等	2″仪器	3	≤7	≤7	10mm 级仪器	往返各一次
五等	2″仪器	2	≤10	≤7	10mm 级仪器	往一次

注:(1) 当采用2″级光学经纬仪进行竖直角观测时,应根据仪器的垂直角检测精度,适当增加测回数。

(2) 垂直角的对向观测,当直觇完成后应即刻迁站进行返觇测量。

(3) 仪器、反光镜或觇牌的高度,应在观测前后各量测一次并精确至 1mm,取其平均值作为最终高度。

3.3.4 电磁波测距三角高程测量的数据处理,应符合下列规定:

1. 直返觇的高差,应进行地球曲率和折光差的改正。
2. 平差前,应计算每千米高差全中误差。
3. 各等级高程网,应按最小二乘法进行平差并计算每千米高差全中误差。
4. 高程成果的取值,应精确至 1mm。

参考文献

[1] 王金玲.工程测量[M].武汉:武汉大学出版社,2004.

[2] 金芳芳.工程测量实验与实习指导[M].南京:东南大学出版社,2007.

[3] 王金玲.建筑工程测量[M].北京:北京大学出版社,2008.

[4] 李仲.工程测量实训教程[M].北京:冶金工业出版社,2005.

[5] 王云江.建筑工程测量(含实训指导)[M].北京:中国计划出版社,2008.

[6] 陈学平,周春发.土建工程测量[M].北京:中国建筑出版社,2008.

[7] 中国有色金属工业协会.工程测量规范(GB 50026—2007).北京:中国计划出版社,2008.

[8] 周建郑.工程测量[M].郑州:黄河水利出版社,2006.

[9] 杨晓平.建筑工程测量实训手册[M].武汉:华中科技大学出版社,2006.

[10] 卢满堂.建筑工程测量[M].北京:中国水利水电出版社,2006.